PASTA

PASTA

人氣餐廳
這樣開店**最賺錢**

從義大利麵餐廳學會餐飲業的賺錢祕技

吳敏鍾、黃佳祥 著。楊志雄 攝影

作者序

生意人最大的夢魘：「叫好不叫座」

很幸運的，我的工作可以大量拜訪餐廳的業主或主廚，常與他們交流餐廳經營的心得與遇到的問題。資訊發達的今天，只要有心學習，把餐點做得好吃不是難事，但是要把餐廳經營出色，才是難事。

我常把餐廳經營或學習料理比喻為習武，剛開始入門，專注在「技法」的學習，功力突飛猛進，但是生意不一定跟著好起來；雖然餐廳經營的「技法」重要性是 80%，但是如果沒有領略另外 20% 的「心法」，你很難成為真正的大師。這類的餐廳，最後將淪為「叫好不叫座」，如果可以，誰不想擁有「叫好又叫座」的餐廳？

美食＋行銷＝「叫好又叫座」

經營餐廳的「心法」就是「行銷」。大家很想學做行銷，也很多人在教行銷，但是最有用的方法，反而是基礎的知識。這裡我們不談艱深的行銷理論，只分享大家都可以不用花錢，就能達成的行銷。這些「美食行銷」的內容分享，是依據我所學，以及與國際頂尖食品品牌合作的經驗心得，希望這樣的分享，對正想創業或遇到瓶頸的業者有所幫助，讓大家可以做出自己的餐廳「品牌」。

在此特別感謝

行銷學的啟蒙老師　南台工專（現南台科技大學）──賴俐禎老師
外貿協會品牌學院「全方位品牌人才專班」的所有講師與工作人員
義大利 Olitalia 奧利塔橄欖油公司
義大利 Barilla 百味來義大利麵公司
協憶有限公司的所有同仁

協憶有限公司─產品經理
吳敏鍾

Preface
作者序

時常保有創新的精神，餐飲路上的學習無止盡

説起經營餐廳，要感謝帶過我的師傅—黃育平先生，是他教導我如何經營管理，藉此機會表達我對他的敬意與感謝。

學生時期我讀的是資訊管理相關的科系，餐飲業算是半路出家，打從當兵退伍後就進入了飲料業一路從工讀生開始做起，那時的時薪才 57 元（笑），但是我抱持著學習的心態，開始在加盟連鎖飲料店的直營店工作，也很慶幸當時遇到了黃育平師傅，能帶領我一步一步的學習如何經營一間店，進而同時經營數十間直營及加盟店，也從中了解一間店從無到有，再到生意興隆，是如此的繁複。

對於這本書中除了介紹許多開餐廳該知道的行銷方式和專業知識以外，也收錄幾間很不錯的義大利麵餐廳，分享店主創業當時的心路歷程和想法，最後的篇章也提供了 20 道基礎的義大利麵食譜，可讓有志於開餐廳的朋友們參考，一起為餐飲這塊領域注入新的創意與活力！我時常教育員工要保有創新精神，義大利麵是義大利人的傳統料理，最讓我感到敬佩的地方是義大利人對食材的選用，使用天然食材來調理出美味的料理，這是義大利堅守的料理法則，所以他們只採用當地盛產的新鮮食材，經由傳統的料理手法，創造出全世界大家耳熟能詳的美味餐點；在這本書內也有介紹食材採購需注意的重點，和食材的保存及烹調方式。

「創新的精神」在台灣當然也行，採用當地盛產的食材來調理出一道台灣在地口味的義大利麵及燉飯，因此 2005 年我在故鄉嘉義開了第一間餐廳「左岸・風尚義式料理」，因為自己非常喜歡義大利料理，所以開店前跑遍了全台灣，品嘗過不下一千多間的義式餐廳，為的是從中學習，為什麼人家生意會這麼好，

客人都讚不絕口，我花了 3 年的時間研發出第一份菜單，經營至今店裡的菜單一共有 13 種醬料搭配 3 款義大利麵條及 12 種在地食材，衍生出一千多種口味的義大利麵，如果一天吃一道，需要 3 年的時間才能完全品嘗。雖然餐廳開在嘉義市跟嘉義縣交界處的偏僻小巷弄裡，10 年來累計了不少熟客，感謝這些人對我創新理念的支持。

2013 年台灣發生食安風暴，因為看不慣一些商人為了省成本而使用添加物到料理中的作法，我一股熱血的在嘉義又開了另一間餐廳「nani 和風洋食」，依舊嚴選台灣在地的食材入菜，餐廳每週前往台灣最大的西螺果菜市場，由採購親自挑選出最新鮮的蔬果，用最簡單的料理方式，不加人工添加物，烹調出對身體無負擔的料理，藉此告訴顧客原來料理不需化學添加物也可以很美味；也因為台灣人對日本料理的喜愛程度更勝於義大利料理，所以菜單上就結合了日、義兩國的精華，創新出和風義式料理及義式經典的料理提供給顧客不同的選擇。

僅以此書獻給我深愛的家人、師傅及好朋友們，是你們的支持與鼓勵我從事自己喜歡的工作；我將會更加努力，並毫無保留的貢獻出自己的能力，最後希望此工具書能成為你開店的好幫手。

特別感謝：

經營管理啟蒙師傅　台南 黃育平先生
外貿協會品牌學院「全方位品牌人才專班」的所有講師與工作人員
義大利 Olitalia 奧利塔橄欖油公司
義大利 Barilla 百味來義大利麵公司
左岸・風尚義式料理的所有同仁
nani 和風洋食的所有同仁
協憶有限公司的所有同仁

黃佳祥

Chapter 1 美食行銷

美食需要行銷，才有活下去的理由！

Chapter 2 關於開店

Chapter 2-1 開店的評估

付諸行動的時刻，開店前你需要先評估什麼？

Chapter 2-2 開店的準備

萬無一失的關鍵，開店前你該準備什麼？

Chapter 2-3 服務的訓練

客人與餐廳間的橋梁，你該知道服務訓練的重要性！

Chapter 3 食材採購
美味的來源，教你如何選購與保存食材！

Chapter 4 開店規則
各就各位，制定廚房與經營成本的開店規則！

Chapter 5 開一間義大利麵餐廳

散落各地的好味道，看達人如何開一間義大利麵餐廳！

Chapter 6 義大利麵的 SOP 與食譜

美味料理，從餐點 SOP 到食譜實作！

※ 本書部分內容資訊引用自「義大利廚房」部落格

Chapter 1
美食行銷

1
Chapter

美食需要行銷，
才有活下去的理由！

行銷常被誤認為是花錢的，而且花了錢又不一定有用的事情，因此常把行銷擺在最後面，當作是搶救生意的方法。正確而言，行銷是一種做生意的工具，它可以在創業前或創業後發揮作用，也可以用來分析營業狀態，幫助你下重要的決定，以及生意好的時候，讓你的生意蒸蒸日上。

▌ 行銷其實無所不在

大家可能都有一種經驗，聽到媒體或朋友的推薦，去到一家生意極好的餐廳吃飯，看到餐廳外的排隊人潮，你一定對這裡供應的餐點感到好奇，想必是非常好吃，才會吸引那麼多人前來，這些客人也願意等上半個小時以上才能進到餐廳用餐；結果餐點上桌，菜色不算非常好吃，你在其他餐廳吃過比這裡好吃的同樣菜色，但你心目中那間更好吃的餐廳，生意卻不一定比較好，甚至有可能倒店關門。餐廳餐點好吃，但不一定生意好，那麼為何有些餐廳生意就是好，有些餐廳生意就是差？回到餐廳設立的原點，哪個想開餐廳的人會覺得自己的餐點難吃，而想創業？每個創業的人，一定覺得自己的餐廳是最好吃的，才會有勇氣創業；但請你試想，在技術知識成熟的時代，煮出有一定水準的餐點並不難，所以也很少餐廳會提供非常難吃的餐點。餐點雖然是餐廳的主要「產品」，但絕非餐廳的成敗關鍵，餐點難吃一定會倒，餐點好吃也不一定做得下去，因為美食需要行銷，才有活下去的理由！

▍先行銷，再創業

何謂行銷？很多餐廳的老闆跟我說，他要行銷他的餐廳，於是經營餐廳的
Facebook 粉絲專頁，邀請部落客免費用餐、寫食記，把餐廳推薦給更多人，
或者邀請媒體報導，想帶動更大的名氣；但是其實效果都不明顯，因為這都是
餐廳開始營業後才做的事，不能算是行銷。如何檢視自己的餐廳有沒有行銷，
你可以觀察餐廳像不像個「品牌」，無論是餐廳的 logo、名字、制服、裝潢、
菜單、餐具、餐點等等，餐廳的一切都有依循某個風格在走，或讓人一看就知
道是你們的東西，客人甚至願意花錢買印著你們餐廳圖樣的物品回家收藏使
用，如果你現在腦海裡浮現「星巴客」的樣子，那你就明白我在講什麼了。

▲找到屬於自己的風格，才能將餐廳品牌留在客人的腦海裡。

而這一些有關品牌的事情，都需要細心思考過，它絕對是在創業之前就應該想好，並跟大家討論過的。你可以先參觀過所有你知道生意好的餐廳，以消費者的立場去感受這些餐廳有哪些令人印象深刻的元素，依照自己的喜好，加上我們後續教你的簡單行銷工具，定位出你覺得最有勝算的方式，把自己的夢想付諸實踐，這才是真正的行銷；如此你也不再左右搖擺，因為沒有人比你更清楚，你的餐廳是什麼樣子。

如果你的餐廳的樣子已經設定好，也開始動工製作了，我建議你要耐住性子，等完整準備好再公開於世，千萬不要把餐廳裝潢的粗糙面讓人看到，甚至把餐廳動工的照片在網路上分享，這對餐廳形象都是不好的，而且就算是支持你的朋友，也會因為無法馬上消費，而失去對餐廳的新鮮感，有時保持神祕感也是行銷的重要工作，應該是在開張前一個星期才對外公布，而且可以馬上接受客人的訂位，如此才能把餐廳的品牌熱度推至最高點。

千萬不要把行銷看成太專業遙遠的事情，而是餐廳每天的細節工作，更不要奢望進行1、2件的行銷動作，生意就一定會變好。行銷是許多片段的連結，是「點」成「線」，再成「面」的程序，一邊執行一邊修正也非常重要。我們在這裡不講一些過於專業深奧的學問，姑且舉例說明幾個重要不錯的行銷分析工具，它們可以獨立使用，也可以交叉分析，讓你運用在餐廳品牌的規畫上。

▍品牌設立前的評估幫手‧S.T.P

S
市場區隔
Segmentation

T
選擇目標
Targeting

P
定位
Positioning

S **市場區隔（Segmentation）**：將你選定的產業分類

T **選擇目標（Targeting）**：在這些分類裡，找出你想經營的目標

P **定位（Positioning）**：思考要提供什麼產品，吸引你的目標客戶購買

S.T.P 是品牌設立前的評估分析工具，可以幫助你了解市場狀況及品牌可以進入市場的方式，有時 S.T.P 工具也可以使用在市場變遷時，或品牌形象需要被重新塑造的時候，是簡單實用的行銷分析方法；我們以義大利麵餐廳當例子，利用 S.T.P 的方法分析。

┃ 市場區隔（Segmentation）─找出誰是競爭對手

今天你決定開一家有賣義大利麵的餐廳，全台灣有賣義大利麵的餐廳超過
1000 家以上，類型包括飯店餐廳、風景區餐廳、平價餐廳、個性餐廳、咖啡廳、
義大利麵專賣店等，第一步先把所有的餐廳類型都列舉出來（如右頁圖表）。
這階段非常重要，也考驗你看待市場的角度是否正確，如果你是想在某一個社
區型街道開設一家賣義大利麵的餐廳，客人來源大多侷限在社區裡的居民，此
時你的競爭對手便不再是其他地區的義大利麵餐廳，而是同街道的其他餐廳或
小吃店，因為你們的目標都是這個區域居民的三餐，客人今天吃了對面的牛排，
就不會來吃你的義大利麵，所以是牛排店在跟你競爭，而不是其他地方的義大
利麵餐廳。

┃ 義大利麵的市場區隔

因為義大利麵能夠結合各種的營業方式呈現，在創業時可以依自己的技術與資
金預算衡量將投入哪一個市場區塊經營。

創業
小知識

市場區隔的功用？

- 劃分市場，因為沒有人能什麼生意都做。

- 找到自己的優勢。

- 讓目標更明確。

- 使資源更集中不浪費。

- 有時可以發現競爭者較少的「藍海」市場。

義大利麵餐廳的經營類型

分類	經營方式
義大利麵專賣店	在這樣的餐廳，義大利麵是被當作主餐供應，可能只結合一些基本的湯品、沙拉、甜點或飲料，所以義大利麵是主要的產品，需要較多的菜色變化性。
義大利餐廳	這類的餐廳會提供義大利區域性的料理，結合義大利其他的傳統菜色，如披薩、肉類及海鮮料理，以追求正統風味。
義大利披薩專賣店	拿坡里披薩近年來在國內流行，開始有主打義大利披薩的餐廳出現，有時這些餐廳也會販售一些南義的義大利麵料理，以加強南義披薩的元素。
西餐廳	是供應排餐為主的餐廳，有時會有單獨的義大利麵菜色供選擇，以滿足輕食或素食消費者的需求。
咖啡廳	雖然是以賣咖啡或甜點為主，但還是會提供以輕食訴求的義大利麵餐點。
法式餐廳	義大利麵料理在歐洲也十分盛行，因此義大利麵可以當作法式料理的前菜，或搭配法式食材烹飪供餐。
景觀餐廳	許多主打景觀的餐廳，都會提供較為西式的料理，義大利麵就是一個非常好的選項。
網路宅配	現在網路盛行購買已烹飪完成的餐點，所以開始有業者投入網路宅配的義大利麵市場。

選擇目標（Targeting）─找出你的客人

依照自己的能力和興趣，把要經營的餐廳類型設定出來，因為很多現實狀況需要考慮，例如烹飪技術能力、資本額、員工數、餐廳坪數及地點等。就算你已經決定要經營菜單上八成只賣義大利麵的專賣店，這樣類型的餐廳也有分高中低價位，適合學生族群或是上班族客群。單純以義大利麵來說，學生喜好的菜色跟上班族喜歡的不一樣，如果想經營上班族客群，餐廳擺設是否需要寬敞舒適，而不是學生喜歡的近距離熱鬧環境。

市場競爭檢視圖

把由市場上收集到的競爭者資料填入下方的市場競爭檢視圖裡，以檢視這個市場還有什麼空缺是沒有人經營的；可以投入這個藍海市場，或者在已經有人經營的市場區隔裡，想出壓倒性的優勢來跟競爭者正面對決；除非原有市場區隔裡的競爭者很弱，否則建議往沒有人經營的市場，成功率會比較高。

	迎合市場的口味	堅持義大利的口味	和風口味
低價位	A 餐廳	C 餐廳	E 餐廳
高價位	B 餐廳	D 餐廳	無

→由此發現「高價位的和風口味」市場是值得經營的藍海市場

創業
小知識

選擇目標的功用？

- 使經營的方向更明確。

- 讓潛在客戶的輪廓更清楚。

- 才能知道要提供什麼菜色。

▎定位（Positioning）─找出自己的型

當你知道自己要經營的市場與客戶，那麼如何吸引這些目標客戶上門是「定位」的重要性，也是行銷裡最困難的課題。我們先以差異化來說明定位，透過定位找出你的目標市場還沒出現過的經營方式，而且你有自信消費者會埋單的餐廳，把這差異化的特色無限放大，讓客人一眼就能看到，並且留下深刻印象，把原本存留腦海裡的無形概念，極可能具體有形的呈現在客人眼前。

例如餐廳名字取自日本古代義賊的「五右衛門」，是間以和風義大利麵為主題的日系餐廳，客人用餐的盛盤以日本傳統圖案設計，用筷子吃義大利麵、配柴魚湯。開放式的廚房可以看到廚師使用竹簍在煮義大利麵，並且結合許多日本的傳統食材如醬油、海苔、青蔥，推出了多款和風的義大利麵。經過和風口味調整的義大利麵，更能貼近亞洲人的味道喜好，如此鮮明的餐廳形象，你絕對很難忘記，因此能夠在日本及海外開設近 400 家的分店，以下提供洋麵屋「五右衛門」的網站作為參考：www.yomenya-goemon.com

▲日本的義大利麵餐廳──「五右衛門」獨特鮮明的餐廳形象容易讓人留下深刻印象。

如同誠信與承諾‧品牌定位

品牌定位是賦予餐廳個性，讓人們留住最多的印象，產生品牌的認知。有時品牌定位會是一句標語（Slogan），如王品集團台塑牛排的品牌定位「只款待心中最重要的人」，所以台塑牛排定位在「為你款待宴請重要客人」，利用高水準的服務，為自己塑造品牌形象及知名度。

品牌定位有時也會是一個「承諾」，如黑橋牌的「用好心腸做好香腸」，它知道消費者最在意的食品安全問題，所以將品牌定位在「安全」的承諾。如果品牌定位想要深植人心，你必須貫徹定位的內容，品牌有如一個人，不可能每天個性反覆無常，這樣不會得到消費者的信賴；你必須把品牌定位視為餐廳的生命，每天重覆與客人溝通品牌中的理想與堅持，但絕對不可以是謊言，如胖達人烘焙名店標榜「天然、無添加、無香料、健康」的品牌定位，而當初消費者也深信不疑，加上名人的口碑加持，造成搶購風潮；在這之前品牌行銷是成功案例，但是後來消費者發現這個訴求並非事實，一個成功的品牌瞬間化為烏有。

餐廳定位的方向‧理性 vs. 感性

如果你的餐廳沒有代表性的「標語」，也就是一間沒有品牌定位的餐廳，如此的經營方式是很危險的，而且費力。如果你正在苦思自己餐廳的定位，你可以就兩個方向進行：理性與感性。人們的消費行為決定模式分為理性思考與感性思考，如果你覺得自己都是理性的購買者，那你就錯了，許多學者的研究結果指出，所有的購買行為都是偏向感性的決定，如果你還不認同這個說法，你可以走到家裡的儲物櫃看看，回想堆放在那裡的東西，有沒有當初你思考許久才購買回來，但用一次後就覺得那不是你想要的東西，從此不再碰；因為當你心

裡想買一個東西，你會找許多理由推自己一把，而自視為理性的選擇。台新銀行當初鎖定女性的信用卡消費市場，推出「認真的女人最美麗」女性專用信用卡廣告，觸動女性的內心世界，這個品牌訴求獲得認同，因此提高潛在客戶的辦卡率；而理性的訴求，也可以感性的表達，就算想表達鑽石保值的理性特質，也可以用「鑽石恆久遠，一顆永留傳」的感性訴求讓消費者產生共鳴。

▎ 在消費者心中占有一席之地 · 品牌定位的延伸

可以把品牌定位視為品牌的「目標」，一種可以長期追求的目標，無論市場如何變遷都不改變。有了目標，你就可以找出餐廳自己的路、自己的形象。鼎泰豐的品牌定位包括「品質是生命」的自許目標，這個層面不只於原料的嚴選堅持、食材的細膩處理，可以更深層的延伸在烹飪及服務上。全開放的玻璃廚房，可以讓客人看到食物製作過程的嚴謹，鼎泰豐不會如廣告般一再提醒你「品質是生命」的品牌定位，但是他用活的視覺加深你的印象，充分表達對品質的重視；為了襯托品質的要求，服務人員穿著套裝、西裝，以提供最佳的上桌服務。品牌定位可以是標語，但不能只是口號，你必須全力支撐你的品牌定位或承諾，讓你的餐廳在消費者心目中占有一席之地。

創業
小知識

定位的功用？

- 找出市場中未出現的經營方式。
- 賦予品牌個性，加深客人的印象。
- 讓客人對品牌產生信任。
- 設定長期目標，找出自己的路。

▌行銷的基本功 · 行銷 4P

行銷 4P 是品牌工程中最基本的工具,是行銷的基本功,以滿足市場需求為目標,也有助於分析品牌的即時狀態;品牌的成敗都可以由這 4 個面向發現原因,但行銷科學的進步,學者由 4P 延伸更多的分析方式來輔佐,如追求顧客滿意的 4C 理論,建立顧客忠誠度的 4R,強調消費者需求的 4S;但是這些理論都是以 4P 延伸,所以 4P 較能貼切初學者的需求,以下用餐廳經營為例來解釋行銷 4P。

4P 之一 · **產品或品質（Product）**

餐廳或產品名稱	衛生	美味	服務	食材
分量	菜色與擺盤	種類	風格與美感	音樂與空調

與客人的優先接觸 · 餐廳或產品名稱

餐廳名稱會跟著餐廳直到最後，不可能中途更換，所以會花較多時間幫餐廳取名字，大家都想要一個好記又好聽的餐廳名稱，能符合品牌定位更好；如果你使用外文餐廳名字，又要取一個音譯的中文名稱，需注意不要有不雅的諧音，除非是故意的，否則會成為笑話，或是不吉利的名字。

▲餐廳的取名非常重要，圖中餐廳為台中的「好食 · 慢慢」。

為產品取一個好名字也很重要，餐廳的產品是菜色，同樣的料理，經過不同的命名，帶給消費者的感受與價值感也不同。義大利料理的名字跟地域性有最直接的關係，所以常會被冠上義大利的地區名稱，增加菜色的文化深度，建議可研讀義大利料理文化的書籍，為自己的菜色取出具有人文背景的名稱。有時，我們會發現餐廳的菜色名稱可能是抄襲而來，實際料理方式跟菜名不符合，這是非常不專業的表現；好的菜色名稱除了優美以外，應讓消費者看到菜名就能聯想使用的主要食材有哪些，以什麼樣的料理手法，及猜想可能品嘗到的味道。

主食材：里肌

料理手法：火烤

味道：豚骨醬油高湯

▲和風火烤里肌豚骨醬油義大利湯麵

創業
小知識

如果想到餐廳適合的名字時，請上經濟部的網站「全國商工行政服務入口網」（http://gcis.nat.gov.tw/）查詢你想到的公司行號名稱是否已經有人在使用，並且申請登記查核經濟部智慧財產局申請商標（店名）及 Logo 註冊，是否有過於近似的名字已經使用；避免餐廳經營到一半，被迫更換名字的風險，嚴重甚至有可能吃官司。

▌永遠擺在第一順位 · 衛生

每家餐廳都應該把衛生擺在第一順位，如果沒有衛生，再美味的食物都是妄想。
有一次跟餐廳老闆交換經營的理念，他非常有想法，對美食充滿熱情，我也被
這股力量所感染，一時之間士氣高昂，覺得這樣的餐廳如果生意不好，實在不
應該；大家討論到一半，因為多喝了一點水，我暫時離席去洗手間，無法想像
如此裝潢高雅，服務人員套裝筆挺的餐廳，洗手間竟比我國中時期學校的廁所
還臭，坐在最靠近洗手間的用餐客人，在洗手間開關之間，想必也會聞到異味，
如果你跟我說這餐廳的廚房會有多乾淨衛生，老闆多麼會經營管理，我不會相
信的。

我也常看到餐廳採用現在流行的開放式廚房空間，可以讓客人清楚看到餐廳的
樣子，在作此決定之前，請先確保你們的廚房是否時常保持整潔，也不會忽略
工作中廚師的廚衣是否維持乾淨的狀態，常有廚師習慣穿著髒污或洗不乾淨的
廚衣面對客人，也許廚師想要表達辛苦工作的一面，但客人只會感到不舒服。

▲開放式廚房如同攤開給客人檢視，
更需時時刻刻確保環境和工作人員
的衣著整潔。

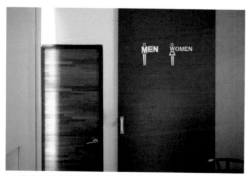
▲環境及廁所的清潔衛生這些細節，其實對客人來
說相當重要。

不斷提升不斷改進 · 美味

餐點好不好吃很重要，但這裡不討論這個問題，而是餐點味道以外的事情，餐點好吃是應該的，而且要不斷提升，在你設定的客單價以內，沒有上限的往高品質發展。我們通常不會問新的餐廳好不好吃，而是問你會想再回去用餐嗎？因為餐廳提供的產品不只侷限在食物，客人到餐廳用餐，也同時享用餐廳提供的一切，如裝潢與服務。

雖然每個環節都是客人評估你的餐廳好不好的原因，但他們各自影響客人決定是否再光顧的評分不會是平均值，例如客人覺得你的餐點有 80 分水準，但若你的廁所或環境有點髒，客人會直接把對餐廳的評分降為 0 分，就算用餐的經驗不美好，客人不至於表現出不滿的反應，但以後不會再來你的餐廳用餐。別期望客人會把負面意見告訴你或寫在意見調查表，些微的意見只會變成他對餐廳的評價，放在心裡面，或告訴朋友；你雖然主動詢問客人是否滿意，以台灣

人害羞的個性，他只會跟你說滿意，你應該留意客人在用餐過程中的各種反應或表情，坦然面對及改進。

▌ 客人評定餐廳的標準之一・服務

客人評定餐廳的標準，有時候「服務」會是絕對關鍵，卻常被餐廳忽略；許多主廚兼老闆的餐廳，因為老闆本身就是技術主義者，就算老闆覺得自己很理性的看待餐廳經營，他也知道服務的重要性，但所提供的服務也是僅止於點菜與送菜，與客人完全沒有情感上的互動，只想知道客人覺得自己烹煮的餐點好不好吃。

許多餐廳業者非常重視餐點品質，花費很多精神在維持餐點的品質與創新，但忽略了外場服務人員的訓練，如果主廚能端出 80 分的菜色，服務人員卻沒有詳盡的介紹，這道餐點到了客人桌上，會無故降為 50 分，我們發現許多餐廳的服務人員甚至沒有吃過菜單上絕大部分的菜色，你如何期待服務員可以讓客人感受到主廚烹製食物的用心呢？尤其義大利麵對台灣人來說是外來食物，天生就有陌生感，而義大利麵料理結合食材與義大利風土的知識，才是它的完整原貌。

義大利的當地餐廳，很少有客戶意見調查表，他們的服務態度方式跟台灣相比較不同也自然許多；台灣的服務方式是學習日本，一種壓抑性的服從。在義大利，客人不一定是對的，它是「個性化」的服務，如同朋友一般的方式服務，而義大利客人又特別愛表達自己對美食的看法，常直言批評餐廳的餐點，這時就會看到老闆從廚房衝出來跟客人吵架，對美食的爭論，這也是義大利料理的一環，而且是進步的原動力。

台灣的義大利料理餐廳服務太過拘泥，我曾經到一家以服務品質聞名的餐飲集團旗下義大利餐廳用餐，服務人員在桌邊以蹲姿點餐及服務，看得出來公司有交待服務人員的高度要比客人低，最後女性服務人員還以輕柔的語調，要我們一定要支持她，我不禁心想她到底要我支持她什麼？在義大利與台灣之間，要如何定奪服務的方式，其實只要讓你的服務人員愛上餐廳裡的餐點，為客人介紹菜色時，以分享的方式表達，不會是太生硬的訓練，服務人員就會把這份對食物的熱情，感染給所有的客人。

▍呈現天然與健康 · 食材

現代人重視食物的天然與健康訴求，如果餐廳使用好的食材，一定要擺設出來讓客人看到，或者印在菜單上，這可以為餐廳的餐點加分許多，但是不要陳列餐廳沒有在使用的食材給客人看，這是一種欺騙，對生意沒有幫助。

義大利麵是地中海料理的一環，近年來許多科學家發現居住在地中海一帶的人民，如義大利南部、法國南部、西班牙、希臘，這個地區的人們心血管疾病的發生率低，而且比其他地區的長壽。營養學家開始研究地中海人民的飲食，發現他們大量攝取橄欖油、番茄、堅果、海鮮及葡萄酒，這些食材都是健康的食物，也是讓地中海飲食健康的原因。義大利麵又屬低 GI（低升糖指數）的食物，如果可以利用富有營養的番茄或橄欖油烹煮，絕對是最健康的餐點，這些好處都應該透過食材陳列或文宣的說明傳達給客人，以符合現代人追求天然與健康飲食的需求。

▲餐廳服務人員以親切自然的服務態度，將對食物的熱情分享給客人。

細心觀察客人用餐反應 · 分量

說到餐點的分量，吃不飽或吃太飽也會有一定的不舒服反應，應該細心觀察客人用餐，尤其是餐桌收回餐盤中剩餘食物的多少及原因。有些針對女性族群的餐廳，其義大利麵的分量較小，但是可以讓客人選擇是否增加義大利麵條的分量，有些餐廳會另外收費，有些餐廳則不會。

客人視覺的第一印象 · 菜色與擺盤

人類是視覺性動物，會先以外觀評定一切，菜色是客人對餐廳餐點的第一印象，

▲餐廳外場等於是餐廳的舞台,你必須把最好的一面表現出來。

大家也很努力用心在菜色設計與擺盤上,但現在的潮流是簡約風格,不要再依循過去老師傅教你的「搭顏色」概念,一定要弄些紅紅綠綠的食材在義大利麵上,可以吃的食材還可以接受,常看到餐廳無論什麼菜色,都把一整朵新鮮香料如巴西里放在義大利麵上,有一次我跟餐廳老闆在他們餐廳吃義大利麵,餐廳老闆也是先把無法入口的巴西里夾到旁邊去,才開始吃義大利麵,如此又何必硬要加巴西里「搭顏色」呢?如果你真的很喜歡巴西里的香氣,其實你可以將巴西里切碎,撒放在義大利麵及盤上的周圍,不僅菜色主題不會失焦,也可以提升義大利麵的風味。

▎變化樣貌以滿足各種客人的需求 · 種類

一樣是賣義大利麵的餐廳,也可以變化出百種的樣貌,你可以將義大利麵結合

早餐、披薩、酒吧、牛排、咖啡、義大利地區菜等其他產品，組合出不同類型的餐廳型態；也可以集中獨賣義大利麵，配合多樣的義大利麵形狀，以及醬汁的變化，組合出 1000 多樣的餐點菜色。例如嘉義「左岸 · 風尚義大利麵專賣店」，提供世界上不同風味的醬汁，有法國奶油、韓國泡菜、泰國檸檬、日本咖哩風味等，客人還可以自由選擇搭配的食材，交叉組合出 1008 種的義大利麵口味，以滿足各種客人的需求。

▎依照品牌定位設計 · 風格與美感

餐廳風格需要依照品牌定位設計，絕對不是依照老闆的喜好呈現。在餐廳風格設定上，最好能夠討論到細節，例如現在流行的原木風格，就有細分北歐、和風、鄉村等路線。我曾看到餐廳業者想要把餐廳裝潢成時尚風格，但是過於奢華，最後他得到一間像高級理容院的義大利餐廳。因為這樣的餐廳都是依照老闆的想法製作藍圖，設計師遵照老闆的指示設計與施工，其實餐廳老闆對這樣的餐廳形象是滿意的。有些業者善於經營管理，但缺乏美感，沒有天分又要表現，此時餐廳的成敗決定在主事者的眼光，而不是決定在專業的設計師；如果你實在沒有太好的美感，可以請周遭較會穿著打扮的朋友或員工幫忙給意見，因為美感是天賦的才能，勉強不來。

▎視餐廳定位選擇調整 · 音樂與空調

餐廳情境音樂應視餐廳定位選擇適合的曲風跟音量。如果你的目標客戶是上班族，他們常在你的餐廳談事情，不適合播放年輕人喜歡的吵雜音樂，適合音量輕，而且節奏輕鬆的音樂。冷氣太冷或不冷都是問題，不要小看冷氣強弱影響客人滿意的程度。開放式廚房有時會油煙排放不及，讓前來用餐的客人滿身油煙味的離開，這是必須克服的問題，沒有人會想在充滿油煙味的餐廳用餐。

4P 之一 · **通路或地點（Place）**

地點與環境　　便利性與停車位　　風景　　連鎖餐廳　　外帶熟食

依照品牌的定位選擇 · 地點與環境

有人說，餐廳成敗的三要素是：地點、地點、地點，這是事實；但人們誤會餐廳一定要往人潮集中的地點開設，這是錯的。應該是說，餐廳最好依照品牌的定位選擇適合的地點。曾經有一個朋友，他努力找尋市區最熱鬧的地段要開餐廳，熱門地段的房租貴，而且很少人在出租，所以花了半年時間也找不到適合的地點，於是我好奇問他想開設餐廳的類型，他說想提供舒適的用餐環境，想做中高收入族群的生意，希望能經營忠誠的會員客人。我建議他，這類的餐廳其實不適合在鬧區出現，因為鬧區人來人往的環境，很難讓客人感受到清新自在的感覺，而且他想要經營的族群是類似公教人員屬性，應該把餐廳開在文教區的住宅型商圈，做深度的經營。果然，在住宅型商圈開設這樣的餐廳不但能突顯餐廳的優雅氣息，更能貫徹他們追求的品牌定位，台北民生社區就是個例子。人潮在「精」，不在「多」，除非你是要經營連鎖性的餐廳，否則不該只是一昧追求人潮眾多的一級商圈，如果把餐廳開在熱鬧的夜市旁邊，你的客單價別想拉得太高，因為周圍環境確實會為你加分或扣分，而當你後悔時，你哪裡也去不了。

▲為餐廳選擇合適的開設地點,應依照品牌的定位及特性而評估。

▎別把客人往外推 · 便利性與停車位

如果你所在區域的潛在客人習慣搭乘大眾運輸前往餐廳用餐，那麼就沒有停車位的問題；但是如果你的餐廳客人都是開車而來，那麼最好附有停車場，如果沒有，趕緊幫客人想辦法，合約停車場此時非常重要。如果你的餐廳，大眾運輸到不了，客人想要付費停車也找不到位子，餐廳經營一定會面臨到很大的阻力，等於把客人往外推，所以一定要克服這個問題，哪怕是幫客人泊車，也一定要解決。

▎景觀餐廳的賣點之一 · 風景

在風景區的餐廳稱為景觀餐廳，平日與假日的生意量落差極大，所以有些景觀餐廳只在假日營業。景觀餐廳適合將該地域的特色在地食材入菜，以增加用餐的趣味性。

▎1+1 大於 2 · 連鎖餐廳

一間以上的同名餐廳就稱為連鎖餐廳，很多業者在第一家開立的餐廳生意不錯時，就會想要以連鎖餐廳的計畫執行，如果你奢望這樣子會讓你的經營成本降低，那麼你就錯了；在開第 2 家餐廳時，你會增加人事管理成本，也有可能分散原來的客戶群，這也是許多餐廳開到第 2 或第 3 家分店時，遇到的困境，因為 3 間以下的餐廳分店規模，是連鎖餐廳的尷尬期，並無法實質收到連鎖餐廳的正面效應。

如果你有心要開立連鎖餐廳，建議擬定擴店計畫，準備足夠的資金及人力，一年內將分店擴展到 3 家以上，你才有可能感受到連鎖餐廳的優勢助力。當餐

廳品牌在更多地方出現時，客人對餐廳的印象會加深，也會增加客戶用餐的便利性，配合各分店的同步活動執行，各分店間開始有縱效應產生，此時會達到1+1大於2的效果。同品牌分店間的經營型態可以適度的區別，但絕對不可以背離當初品牌定位的設定，以免客人對你的餐廳形象產生混淆。

▲販售自家餐廳製作的特色麵包或餐食點心，可供內用也方便顧客外帶。

┃ 創造營業額的好方法 · 外帶熟食

餐廳對於外帶餐點應該更積極一些，因為這是創造營業額的好方法，而且不會占用餐廳的桌位。在餐廳外帶餐點回家馬上享用的市場，在日本逐漸擴大，日本市場更有針對這類客戶歸類為「中食」市場，也就是「外食」人口之一，滿足不想在家煮飯，又想要在家裡輕鬆享用熱騰騰現煮的餐點。也可以把外帶食物商品化，例如販售自家餐廳製作的義大利麵醬汁或果醬，如此可以在餐廳以外的地方銷售，像是網路商店，甚至可以學鼎泰豐在超市販售冷凍的小籠包，將餐廳產品觸及更多的消費者，這都是為餐廳增加銷售通路的方法。

4P 之一 · 促銷或推廣（Promotion）

菜單　Facebook 粉絲專頁　官方網站　部落格

社群行銷　價格促銷　口碑行銷

特殊節日專案　廣告　團購　免費招持

社區經營　會員經營　公關媒體

最重要的推廣文宣 · 菜單

菜單是餐廳最重要的「推廣」文宣，它清楚表達餐廳販售的產品、價位、風格，是最直接易懂的傳達方式。菜單是客人對餐廳的第一印象，印刷品質及紙質都應講究，如果你真心愛護你的餐廳的話，不要拿污損破舊，或經隨意塗改的菜單給客人。

你可以在菜單前頁介紹餐廳的特色，說明創立餐廳的初衷想法；建議可以在菜

▲菜單就是餐廳最重要的推廣文宣，現今也有許多餐廳會以黑板輔助介紹餐點。

色名稱下方以簡短的文字說明介紹，或者加註菜色的英文名稱，除了可以讓外國客人容易閱讀以外，也能提升餐廳的形象。不知你是否曾經遇過「難懂」的菜單，因為菜色分類不明，或近似重覆的菜色太多；如果能把菜色照片放在菜單上面，一定可以增加客人的理解與點餐率，如果受限菜單的篇幅問題，可以選擇餐廳人氣菜色呈現，切記不要放置模糊或醜陋的餐點照片在菜單上，那只會讓客人對你的餐廳失望。

▌ 與客人溝通的平台 ·Facebook 粉絲專頁

幾乎每家餐廳都有在 Facebook 開設自家餐廳的粉絲專頁，但是能把宣傳功能
發揮出來的餐廳沒有幾個。由於 Facebook 的使用方法太過於簡單，管理者常
忽略粉絲專頁代表著餐廳的形象塑造平台，當你想放上某張照片或文字時，你
應該先思考你將放在網路上的這些資料，是否會為餐廳的形象加分，是否符合
餐廳品牌的定位，是否是粉絲們想要知道的訊息；如果你只是想單純炫耀今天
餐廳客滿，或者抒發自己的心情，這對網友來說是不必要的訊息，盡量不要騷
擾你的客人。

Facebook 應該是與粉絲進行溝通的平台，可以增加與客人之間的感情交流，
不適合太多的產品推銷。你可以在粉絲專頁介紹餐點的用料與烹飪方法，建議
以知識分享的角度切入，更不應該把菜色價格直接露出；你可以把推銷的工作
放在官方網站，因為 Facebook 是一個社群工具，這裡的人都是以類似朋友的
身分互動，這樣的推銷動作不但沒有效果，反而容易讓人產生厭惡。如果你經
營連鎖餐廳，建議只需要一個總公司的餐廳品牌粉絲專頁，以免公司資訊無法
整合。

▲除了社群工具，也有部分客人會透
◀過明信片或其他方式與餐廳交流。

▎餐廳品牌形象的塑造 · 官方網站

雖然現在有很多免費的網路宣傳平台可以幫餐廳增加曝光度，但是我認為餐廳品牌需要有官方網站做形象的塑造，無論你的餐廳官方網站是公布一些營業的基本資訊，如餐廳介紹、菜單、活動及聯絡資料等；雖然部落格或 Facebook 也能宣示這些訊息，但官方網站的資料查找較方便，而且能完整塑造呈現餐廳的形象。你可以建立一個簡單但漂亮的餐廳官方網站，不一定要聲光或動畫豐富，只要能清楚傳達餐廳理念及產品即可，如果置入太多動畫在網站當中，反而無法順利讓消費者利用手機或平板電腦觀看，而造成反效果。

▎深度的品牌溝通 · 部落格

部落格行銷常被誤認為是請部落客來餐廳吃飯，幫忙餐廳撰寫一篇食記文章，這樣的部落格操作是廣告，而不是所謂的部落格經營。我們建議餐廳都要自己架設餐廳的部落格，現在有很多免費的部落格空間可以申請使用，目前以「痞客邦」的平台最多人使用。

你可以利用部落格進行深度的品牌溝通，如果你的文筆不錯，會讓網友想要仔細的閱覽，台北知名的「貓下去西餐快炒小館」的餐廳部落格就是一個很好的例子，餐廳老闆筆名寬六九，常在餐廳部落格抒發經營的心得，因此得到許多網路上的共鳴與鼓勵。在部落格可以投入更多的感情在文章裡，它可以是你創業的初衷，也可以是你經營的理念。我非常鼓勵正在籌備開設餐廳的朋友，把創業的想法抒寫在餐廳的部落格，就算是已經在經營的餐廳，也可以把工作的心情故事分享在部落格上，與客戶有不同層面的交流。

| 24 小時、隨時隨地的行銷 · 網路推廣

餐廳利用網路推廣產品是現代必備的行銷工具，可以塑造餐廳形象，也可以增加實質的業績。無論餐廳大小，大家都在作網路行銷，但涉入的程度有多深，就看老闆的想法了。

「網站」是第一個被想到的方法，花個幾萬元架設公司的官方網站，把餐廳及菜色的優點突顯出來。如果還不夠，可以買「關鍵字廣告」，讓游離的客人進到你的網站，也許可以增加一筆筆生意，讓人氣一路看漲；但是我們發現，這種大家會想到的方法，效果是愈來愈差，當你花錢買了廣告，自己餐廳的名字卻出現在一排競爭對手的名字裡面，等著客戶上門。到底官方網站和部落格哪個比較好用？你可以看看以下的比較分析：

	官方網站	餐廳部落格
內容	制式化	人性化
成本	高	低
效果	快，但粗淺	慢，但深入
更新	不容易	隨時
搜尋的結果	1 個	依文章篇數加倍
消費者反應	不明	立即

- 化被動為主動

部落格可以用連結的方式，將你的網站在目標消費者眼前一再出現。例如餐廳的部落格可以跟同性質的部落客交換連結，讓網站主動接觸目標消費者，增加曝光的機會。

- 被搜尋的機會加倍

一個網站被搜尋到的結果只有 1 個，無論網站裡出現幾百次的關鍵字，都是 1 個搜尋結果；但是部落格的每篇文章就是一個搜尋結果，如果你有 100 篇文章提到同一個關鍵字，那麼你被搜尋到的機會就是 100 倍。

- 人性化的呈現

部落格可以輕鬆的表達自己的想法，不像一般官方網站就是把產品的優點全部寫在網頁上，字字精確、一次到位。消費者看到的是冷冰冰的內容，沒有感情的產品，就算有了感覺，也無法表達自己的想法，因為有些網站沒有留言板，就算讓你找到了留言板，也頂多只有一個；但是部落格的每篇文章都可以留言，而且不用翻找。

- 專業知識的傳達

官方網站介紹產品必須淺顯易懂，畢竟消費者看不懂太多專用名詞；但是部落格可以把同樣一件事，用不同深度的文章表達，讓消費者可以依自己的喜好，選擇內容閱讀，餐廳也可以盡情的表達專業知識。

- 讓活動的效果延續

餐廳針對少數的消費者作活動，成本高但效果卻僅限於當下，活動結束，效果也跟著結束。其實可以張貼活動的照片或文案在部落格，讓其他人觀看，如同這些人也參與了這個活動一樣，延續活動的效果。假設活動花費 1 萬元可供10 個人參加，每個人的成本為 1000 元，倘若這篇活動文章被 100 個人看到，單位成本馬上降為 100 元，不但成本低，且得到的效益非常大！

- 生動的表達產品

大家都知道現代人不喜歡閱讀文字，部落格剛好可以利用大量圖片或影片陳述你要告訴消費者的事，讓大家認識產品。

- 為官方網站加分

也許你已經有一個完美的官方網站，它提供了所有的功能，但多一個部落格，以最小的成本為官方網站加分，何樂而不為呢？

網羅志同道合的人・社群行銷

◀主廚透過參與烹飪教學活動，近距離與客人互動，更能了解消費者的需求和喜好。（圖片提供：台南橙味廚藝教室）

Facebook 行銷被當成近年來熱門的社群行銷方式，也打開社群行銷的無限可能，對我們來説，社群行銷在實際生活中扮演重要角色，也應當應用在餐廳經營上。社群是指興趣與目標相同的一群人，在餐廳經營中，這群人應該是熱愛烹飪及美食的族群，餐廳客人應該也都屬於這個族群。

在餐廳社群經營的想法中，應該以主廚的角色舉辦烹飪教室，如此可以彰顯餐廳的專業，也可以傳達使用優良食材的理念，透過這樣近距離與餐廳客人互動，更能了解消費者的需求及喜好，作為新菜單開發的參考依據。由於食品安全的問題，消費者對烹飪課程非常有興趣，如果能讓餐廳主廚進一步承接外面烹飪教室的課程，更能讓餐廳的知名度大增，也能塑造健康天然的餐廳形象。對於烹飪教學，應該用更積極的方式投入，以週期性的課程安排執行，外場人員應該對來餐廳用餐的客人主動宣傳，就算客人沒有時間參加，也應該讓他知道餐廳想要推廣的健康飲食理念。

▎短期的業績成長‧價格促銷

價格促銷雖然能幫餐廳帶來短期的業績成長，但是不應該淪為搶救業績的方法，因為這類的促銷想法，在經營遇到危機時，總是做得太深太急，對餐廳長期經營的反作用力很大。這種自殺性的促銷，常是為了滿足業者背水一戰的天真想法，如果不想向上提升，不如提早收場。

那麼價格促銷的使用時機，應該是在年度計畫時擬定完成，依照原有的計畫進行，促銷應以釋出 10 ～ 20% 毛利為限，不要做賠錢的促銷活動。出現價格的促銷是最爛的方法；餐廳可以招待開胃菜或飲料，或是消費集點換贈品等，都是讓客人感到滿足、開心的作法。對於熟客的經營，則可以發售「餐券」，以買 10 張送 1 張的優惠方法，養成客戶持續性消費的習慣，有些客人也會找朋友一起合購餐券，這都是無形的廣告效應，但是需要切記，依據法律規定，這類餐券不得限制有效期限；如果餐廳決定休業，應主動退回現金給還未使用餐券的客人。當促銷確定執行時，相關的配套宣傳文案一定要有，如餐廳門口的海報及桌卡都是宣傳的管道，人員的事前訓練要確實，避免帶來不必要的客訴問題。

創業
小知識

Google 網站上提供的免費工具「Google 快訊」，可即時監控餐廳在網路上的評語，盡快做出妥善回應。
Google 快訊網址：www.google.com.tw/alerts

網路評語的管理・口碑行銷

口碑行銷是餐廳經營很重要的一件事情，因為沒有人想踩到地雷餐廳。消費心理學指出，消費者因為過去失敗的消費經驗，會影響他對沒有使用過的產品產生不安全感，這種想法也會影響客人是否願意第一次到你的餐廳用餐。

因為廣告的影響力漸弱，人們反而相信周遭朋友的推薦，這種現象也曾發生在你身上，今天你想買一台單眼相機，上網查詢網路評價，雖然你不認識這位發表評論的網友，但是你選擇相信他的評語，而不是相機廠商的文宣介紹。那假如有客人想前往你的餐廳用餐，本來他不想查找餐廳的網路評語，但是在網路查詢餐廳地址，輸入餐廳名字時，卻跑出一堆負面的評語，你想這位客人還會堅持來你的餐廳用餐嗎？

有時這類網路「負評」會像傳染病一樣的速度擴及，嚴重時還會被媒體報導出來。餐廳應該要有人監控網路評語，如果餐廳有錯，應該以餐廳的身分回覆留言道歉，如果是網友惡意栽贓或誤會，一定要以平靜的言語回覆說明，若客人還是無法接受，你可以冷處理，因為你已經釋出善意，大家都可以看到你的誠意。除此之外，你可以善加利用 Google 提供的免費工具「Google 快訊」，來監控你的餐廳在網路上的評語，只要有網友或媒體在網路上發表關於餐廳的新文章，如部落格或新聞，無論是正面或負面的文章，你就可以得到這樣的資訊，在第一時間做即時的處理。

▌ 提前擬定籌備計畫 · 特殊節日專案

如情人節、母親節、謝師宴或尾牙的活動專案內容，最晚需要在節日前 2 個月就擬定完成，節日的前 1 個月一定要發布。在年度計畫就應該先討論是否推出節日專案活動，如果決定推出節日活動，活動的時間表就應該明細清楚，按行程計畫進行。

▌ 節日專案活動執行時間表 （以 2015 年 2 月 14 日情人節為例）

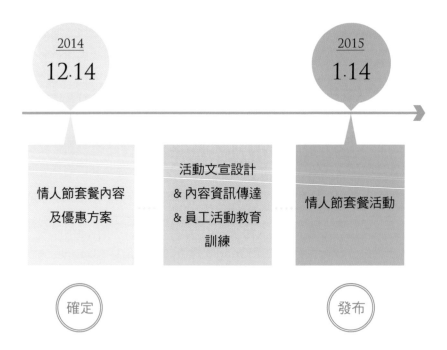

錢要花在刀口上 ‧ 廣告

廣告只適合產品優良的人，品質不好又要打廣告，只會加速品牌的死亡。如果餐廳想要花錢投入廣告，建議可以配合促銷活動或新產品上市，讓消費者有衝動購買的理由，不要只是單純塑造餐廳形象，你會無法評估廣告的效益。廣告的目標族群及地區要設定清楚，找到適合的廣告平台投入廣告，以餐廳想要打廣告為例，會比較適合有影像畫面的廣告媒體，如傳單或報紙；電台廣播廣告較難把餐廳菜色呈現給消費者看到，而且餐廳位址難以表達清楚。

廣告預算應以目標營業額認列，以自己的能力提撥營業額的 1～10% 當作廣告預算，提撥營業額的比例大小，應以實際營業規模決定，如果營業額愈小的餐廳，廣告占比會較高，這種以財務的觀念擬定的廣告計畫，才不會讓餐廳的經營失控。用有限的廣告預算，達到最大的效益才是上策，把所有想要執行的廣告成本列出來，再把預估的效益由大至小排列，依此順序執行，直到可以接受的廣告預算用盡即停止。

排序前	排序後
列舉想要執行的廣告計畫	以廣告計畫的預估效益由大至小排序 （控制在年度廣告預算 10 萬元以內）
派發廣告傳單 2 萬元	①會員卡印製 1 萬元
會員卡印製 1 萬元	②媒體公關費用 3 萬元
媒體公關費用 3 萬元	③會員料理教室 2 萬元
報紙廣告 5 萬元	④派發廣告傳單 2 萬元
會員料理教室 2 萬元	⑤廣告看板 2 萬元
廣告看板 2 萬元	✕ 報紙廣告 5 萬元

→因為報紙廣告效益最低，而且效益排序後已經超出年度廣告預算 10 萬元，所以將其刪除不執行。

▎善用但不能過於依賴的促銷 · 團購

近幾年餐點團購很夯，就算你不主動找團購網合作，各家團購網的業務人員也會主動登門拜訪推銷，因為他們幫你賣餐，可以抽佣，表面上是在幫助你做生意，但是餐廳實際得到的效果反應兩極。

團購是一種促銷工具，但是有些餐廳太過依賴這種 5 折出售餐點的方法吸引客人上門，誤以為客人會為了 5 折券來餐廳用餐，從此變成打死不走的忠誠客戶，但是事實並非如此；因為當你恢復原價供餐時，還是有其他餐廳持續在賣 5 折券，這些曾經以 5 折優惠來店消費的客人，沒有理由再回到你的餐廳用餐。有些餐廳透過團購網賣 5 折券，心想沒有利潤，所以對持 5 折券前來用餐的客人百般限制，甚至改用次級食材來應付這些客人，這對餐廳口碑的殺傷力很大，千萬不要把團購當作可以讓生意死灰復燃的解套方式，這會讓你的餐廳提早關門。你可以利用團購網曝光的優勢，測試餐廳裡本來就冷門的產品，例如下午茶；或想要嘗試銷售的新產品，如外帶餐等，但是不要把主力產品以賤價促銷，你會沒有退路。

▎拿捏得宜的優惠 · 免費招持

當朋友或熟客來餐廳用餐，什麼樣的招待方式最好呢？不鼓勵無條件式的折扣優惠，或不收朋友的餐點費用，因為創業維艱，不要公私不明。你可以提供餐廳的特色菜或小點當作免費招待，這應該是皆大歡喜的最佳選項。

▌潛在客戶的培養 · 社區經營

經營餐廳的業者，沒有人不知道地緣關係的重要性。在開始投入新餐廳的建設與裝潢時，如果能先跟左右鄰居打招呼，可以減少因為工程進行中，造成他人不便的不滿意見。開幕前，可以印發餐廳的優待券或折扣抵用券給周遭的住戶或公司行號，親自登門拜訪是必須的，加強他們對餐廳的良好印象，絕對不能只依賴散發傳單解決，這些都是你的潛在客戶，親自上門拜訪贈送餐廳的優待券，應該沒有人會拒絕。因為人與人之間的互動才是最真實的，這些人將會是你的餐廳的第一批客人；就算在餐廳經營穩定之後，也應該定時推出對附近消費者的優惠活動，以維持基本的社區關係，企業或民間團體的合約餐廳簽定，可以擴展餐廳的潛在客戶，提供適當的優惠就可以達成合約餐廳簽定的需求，如 9 折、95 折優惠，或是招待一道料理或甜點。

你的餐廳也需要業務員，開餐廳不能只是被動等客人上門，社區經營不能間斷，尤其是餐廳剛開幕時，特別需要讓餐廳附近的潛在客戶知道你們餐廳的餐點與價位，讓客人有走進餐廳用餐的念頭，這也是主動創造跟客人的接觸點，進而開始消費的可能性。

▌用心搏感情 · 會員經營

有時候維持舊客戶，比創造新客戶重要。把新客戶轉變成一再回購的舊客戶，才是餐廳經營的命脈，而且維持舊客戶的成本，往往比增加新客戶的費用還要低很多。要如何維持舊客戶的一再上門，而且會幫你把口碑傳播給更多的客人前來光顧，是經營餐廳必須思考的重要課題。

發行會員卡的用意是在收集客戶資料，如何記住他們的重要節日，如生日或結婚紀念日，派發重要節日的優惠廣告簡訊或卡片，想辦法與客戶維持不斷的關係，也可以在餐廳裡舉辦料理教學，都是拉近與客戶之間距離的好方法。用心跟你的重要客人「搏感情」，不要以為你願意給優惠，就有客人會埋單你的好意，讓會員成為真正的 VIP，才能達到經營會員的品牌效益。

▌ 找出應對進退得宜的人 · 公關媒體

不要把公關工作想得太複雜，找出餐廳裡最會社交的人，或者反應最好的人，選定為公關人員，專門應付對外的接洽事宜，如提供部落客試吃或媒體採訪，但是一定要把所有媒體聯絡資料妥善管理，可以做為日後寄發新聞稿的名單。

資訊爆炸的時代，媒體採訪的效果一直在遞減中，如果接受媒體採訪，應該聚焦在餐廳最有特色的話題上面，而且是對餐廳生意有益的主題，不然「叫好不叫座」的事情會發生在你身上。對於同業其他競爭者的負面新聞事件，如果記者想要你發表意見，強烈建議你不要接受採訪，因為這對你的餐廳生意沒有幫助，反而可能變成攻擊同業的形象；如果自己的餐廳發生負面新聞，應該以明確、快速的態度處理，若真的是自己的錯，就勇於承認，不要離題，並馬上提出改善方案，壯士斷腕，想辦法把傷害降到最低；若報導不是事實，應以「不是或沒有」最簡短的方式回應，不要去回答跟事情無關的問題，造成讓媒體模糊焦點的機會，穿鑿附會你的回答。

▌ 4P 之一 · **價格（Price）**

價位 單點或套餐 服務費 折扣

▌ 考量市場與消費者期待 · 價位

雖然餐廳的餐點訂價方式是以食材成本計算，自有它的一套公式，但有時也要考量到消費者的期待。如果你是賣高價位餐點，但餐點的用料品質、用餐環境與服務不符合消費者的期待，只會讓人失望。餐廳設定的價位會跟想要經營的目標族群有關，不如先市調與你目標一樣的餐廳，再評估自己餐廳菜色訂價與設計方向。

▲為餐點訂價時，除了食材品質及成本，還需評估用餐環境與服務是否符合其價位等諸多考量。

▌消費習慣的改變 ‧ 單點或套餐

現在供應西式餐點的餐廳，會偏向以
套餐式的點餐方式居多，主要是讓客
人覺得超值，所以消費者習慣以套餐
方式點餐；此外，套餐的供餐方式可
以讓餐廳的點餐流程簡化，而且可以
確保每位客人的最低消費金額。雖然
套餐當道，如果你的餐廳能堅持以單
點銷售菜色，而客人也願意消費，這
是最好的經營模式，配合外場服務人
員擅長介紹菜色的功力，客人的消費
單價可以提升到最高的營業數字。

▲套餐通常會以主餐附上湯品、沙拉或飲料
等不同搭配，讓客人有物超所值的感覺。

▌讓客人心甘情願的埋單 ‧ 服務費

如果你的餐廳有收服務費，需要有一定水準的餐廳服務，使客人心甘情願的埋
單。餐廳是否收取服務費，有時跟品質及知名度有關，或需要觀察同區域業者
的作法，如果沒有其他餐廳收取服務費，你可能會遭受到較多的客人抱怨；但
如果餐廳一開始沒有收取服務費，沒有理由事後開始收取。倘若你還是無法定
奪是否要跟客人收取服務費，新開幕期間可以試著以「試賣期間」不收取服務
費的方法促銷，進而觀察客人對於服務費的看法；真不行的話，可以變成永遠
的免收服務費促銷，這樣也不會得罪客人。

有條件式的行銷 · 折扣

無論何種產品，走到價格折扣方式吸引客人，都是行銷的下下策，這會嚴重影響毛利，也會讓客人養成習慣。如果要使用折扣行銷，一定要是「有條件式」的折扣，這個條件可以是「時間」或「對象」，如週年慶期間或 VIP 會員限定。這樣讓客人更珍惜餐點折扣的機會，讓客人清楚明白下次不一定會再有折扣的機會。曾有一家新開幕的餐廳使用一個很好的方式，他把 VIP 會員折扣卡發給常來消費的死忠客戶，而不是給所有的客人每人一張，折扣卡期限是一年，餐廳保有續卡的權利；客人為了把折扣卡效益發揮到極致，在期限內時常光顧餐廳，而且還帶朋友來餐廳用餐，餐廳開始天天客滿，餐廳在第三年停發折扣卡，生意還是很好。這種方式是讓折扣活動及餐廳保留異動彈性的好方法，如果你要發送無效期的會員折扣卡給客人，取得的資格門檻一定要高，否則太過泛濫會影響到餐廳永續的經營。

▲若要發送會員折扣卡，一定要設定取得的資格，使客人珍惜使用折扣的機會。

▌ 品牌的優勢、劣勢分析— S.W.O.T

當一個餐廳品牌進入市場競爭，或原有的市場進來一個新的競爭餐廳品牌，你無法逃避這種情況，競爭往往只會更多，不會變少。很多時候，當你的餐廳生意很好時，就會引來同性質的餐廳出現在附近區域，人們常會盯著競爭者看，每天研究對方，有一天你會驚覺你跟競爭者的想法愈來愈接近，或者對手就是衝著你來，跟著你的屁股搶客人。要創新，就不要盯著競爭對手看，人們時常迷失在競爭裡，有些競爭是阻力，但有些競爭是助力，當競爭對手很弱時，他是襯托你的角色；當競爭者強大到可以把市場規模撐大時，你的生意也會變好。

S.W.O.T 是使用在競爭分析的行銷工具，透過如此系統性的分析，讓你更清楚自己所處的「優勢」與「劣勢」，也可以發現市場的「機會」和「危機」，擬定最切時有效的行銷策略。

S.W.O.T 是 4 個單字的縮寫，分別代表著優勢（Strength）、劣勢（Weakness）、機會（Opportunity）、威脅（Threat）。

S **優勢**（Strength）：餐廳擁有的優勢。
W **劣勢**（Weakness）：餐廳存在的劣勢。
O **機會**（Opportunity）：發現市場的機會。
T **威脅**（Threat）：競爭者帶來的威脅。

S 優勢（Strength）	W 劣勢（Weakness）
列出餐廳的內部優勢： • 近捷運口、便利性高 • 餐點菜色豐富 • 裝潢風格獨特 • 連鎖餐廳的品牌效應	列出餐廳的內部劣勢： • 餐點品質落差大 • 用餐環境吵雜 • 服務人員對餐點的專業知識不足
O 機會（Opportunity）	T 威脅（Threat）
列出餐廳的外部機會： • 往外縣市分店發展 • 品牌週邊產品販售 • 增加熟食外帶產品	列出餐廳的外部威脅： • 低價餐廳的出現 • 同質餐廳的增加

你可以由 S.W.O.T 分析表看出自身餐廳的優勢，進而加強；如果發現劣勢，想辦法改進；遇到機會時，擬定有把握的發展計畫；遭遇外在威脅時，把傷害降到最低。市場每天都在變化，定時以理性的方法分析市場競爭情況，擬定經營的計畫，不因短期的競爭者挑釁動作，就盲目改變作法。S.W.O.T 分析可以幫助你超然面對競爭的挫折與市場的誘惑，堅持自己當初創業的理念，朝著目標前進。

Chapter 2
關於開店

2-1
Chapter

付諸行動的時刻，
開店前你需要先評估什麼？

如果你看完前一篇美食行銷的章節，學習到行銷、市場定位及各種實用的分析工具，而且你可以面對那些你以後開店每天要處理的事情，你也決定好你想開店的餐廳類型，接下來是付諸行動的時候了。

▌謹慎評估後才能真正省錢 · 頂讓的承接

直接接手之前有人經營的頂讓餐廳，你確實可以省去很多麻煩及金錢，但是你有沒有想過之前的老闆是什麼原因想要把餐廳頂讓出去的，這裡指的是真正原因喔！當然前老闆不會跟你說是生意不好，而是會以沒有時間管理為由才會想要頂讓，如果你懷疑前老闆的說明，你可以私下探詢餐廳周遭的鄰居，大約可以知道餐廳想要釋出的真正原因，順便了解前東家在外有沒有舉債，也作為你決定的參考。

不要去頂下一間生意不好的餐廳，雖然這類餐廳都會低價求售，如果想以低成本接手餐廳並直接開門營業，餐廳生意不可能就此變好的，你需要投入更多的錢，才有可能讓餐廳煥然一新，而且還要花很多精神與時間，讓客人知道餐廳新的作法，其實會比你開一家新餐廳還要費事。建議你事先在網路上查詢你想接手的頂讓餐廳評價，因為就算你換了餐廳招牌，客人也不一定知道是換了新的老闆經營，先前的形象一定會影響到你的新餐廳；就算你是跟認識的朋友頂下餐廳經營，也一定要訂好頂讓契約，明列頂讓的明細清單，不要以概括方式表示，你可以在很多相關的法律書籍查詢到這類的知識，以防止事後反悔的情況發生。

▊ 餐廳的靈魂人物 · 聘僱廚師的經驗

如果你不是廚師出身，而你又想開一間自己的餐廳，聘請專業的廚師是必須的。但如果你覺得自己的廚藝優於一般的廚師，我還是建議你聘請專業廚師，因為廚房的管理需要經驗的累積，如果廚房動線或其他事項沒有妥善安排，你會發現浪費很多人力成本，但出餐速度不快的問題。

廚師的薪水與能力差異極大，如果你還是想要主導餐點製作工作，只是需要一個廚師照你的意思，協助你把餐點做好；或者你需要的是可以幫你研發菜單並管理廚房人事問題的主廚，這之間的薪水是有差別的。廚師是一種技術工作，聘僱之前，一定要請廚師自己烹調菜色讓你試菜，以衡量烹飪水準有沒有符合你的需求。

▎取決於設定的客戶族群 ‧ 地點的選擇

餐廳位置不一定要選在黃金地段，而是要依照你所設定的客戶族群所在地，找尋適合的店面，如果目標客戶是學生族群，應該把餐廳開在學校附近或學生較常出現的區域，如補習班一帶。無論如何，我建議不要把位置選在相同型態的餐廳旁邊，這樣很少有好結果。餐廳的所在地會影響交通便利性及停車問題，這可能需要列入第一考量，不方便停車的地點，又不能搭乘大眾運輸到達，這真是考驗消費者的耐性與對餐廳的忠誠度，對生意是一個很大的阻礙。

另外要注意一些法律上的問題，需確認跟你接洽房租事宜的人是不是財產所有人或二房東，以及你的餐廳是否有違建，還有台灣人最在意的風水問題，你都必須做好心理準備，自己衡量是否要承租此店面。一般來說，餐廳座位數可以用餐廳坪數的 1 至 1.5 倍計算，例如 30 坪含廚房的餐廳，其座位數的安排依擁擠程度而言，最多只能安排 45 個座位數，可以先試算訂定目標的餐廳坪數大小，幫助你明確找尋適合的餐廳店面。開在郊區的餐廳，一定要有停車場，如果是餐廳附屬的停車場，至少需要準備座位數一半的停車位才足夠。

餐廳座位數最大值＝餐廳坪數 $\times$ 1.5

如何評估選定的地點是否適合開餐廳，你可以觀察⋯

餐廳周邊
人口數與結構

餐廳門口的
人潮流量

店面是否顯眼

觀察競爭對手

店鋪租金成本

餐廳周邊人口數與結構

除了要了解餐廳附近的人口數以外，還要了解人口的結構，如年齡、收入、性別、職業、學歷等資料，是否符合餐廳的目標族群，這些資料有時可以在「內政部統計處」的網站查詢取得。

餐廳門口的人潮流量

觀察人群的數量以外，還要注意人們是以步行、騎摩托車或開車經過，如果是快速開車經過的人群，很少有機會停駐餐廳用餐；也可以順便觀察步行經過人群的結構，了解潛在客戶；留意餐廳附近有沒有超商或超市，代表這是個不錯的商圈，有一定的人口作為支撐。

店面是否顯眼

街道上人來人往，店家廣告招牌繁雜，有些店鋪就算你想用心找，來回走了幾趟也看不到，地點就是那麼不顯眼；雖然這可以利用門面設計克服，但有些店面往內縮退，或在樓上，很難讓路人發現，也不容易吸引流動客戶。

觀察競爭對手

所謂的競爭者不是只有同性質的餐廳，只要是有販售食物的店家，都是你的競爭對手，因為每個人一天就是三餐，午餐去隔壁吃牛排，就不會來你的餐廳吃義大利麵。許多餐廳都忽略周邊飲食店的結構，而以為開在夜市附近就會有人潮，結果餐廳菜色單價無法拉高，因為消費者會對區域消費金額有預期心理，一樣的餐點在低價的夜市出現，就是無法賣出高一點的價格，除非你本來就想開低價義大利麵的餐廳。

店鋪租金成本

一般來說，餐廳的店鋪租金最好不要超過每月營業額的 8%，餐廳才有機會賺錢；也就是說，如果你的餐廳每月租金是 4 萬元，那麼你每月營業額必須在 50 萬元以上，餐廳才有機會賺錢。

 創業小知識　　每月需要的最低營業額＝每月店鋪租金 ÷ 8%

▌對環境與附近住戶的友善 · 環保

台灣常見住宅與商業混雜，在住戶密集區的餐廳，排油煙系統更需要妥善處理，一定要準備一筆預算在排煙淨化處理上，不然你絕對受不了附近住戶的抗議，有些餐廳甚至被附近住戶投訴到環保局。

餐廳的污水排放也是必須考量的問題，因為餐廳用水量大，廚房的進水跟排水都會有問題，尤其排水夾雜油脂與菜渣，如果不正視這個問題，廚房排水管很快就會堵住。在承租前，應該清楚知道排水管路是否適合餐廳的經營需求，以及廚房本身有沒有排水的截油槽設備，屋主是否願意讓你自己花錢改善排水的問題，請記得把這類有關環保的處理費用估算在創業準備金中。

▌ 精打細算的必要 · 資金準備

由於餐廳競爭激烈，現在餐廳的開創成本持續增加中，其中房租費用的上漲是主要占比，又加上其他的建設成本也是提高不少；新開的餐廳如果沒有一個煥然一新吸引人的風格，也很難得到消費者的注意力。扣除平常你列舉的費用準備，一定要預留準備金的 10% 作為「預備金」，以防備開始營業時，遇到的突發狀況，例如有機具壞掉需要修理的費用；你可以參考以下餐廳設立的費用清單：

▌ 資金準備清單

依照現在的餐廳投資水準計算，通常需準備 150 ～ 250 萬元以上才能創業。

資金準備清單	
房租與押金（押金通常是 2 個月）	吧檯設備費用
廚房設備費用	軟體（含 POS 系統）
餐桌器具採買費用	稅務費用（含委外記帳費用）
裝潢費用（含設計師費用）	薪資費用
土木工程費用（電力與進排水系統）	物料採買
空調設備費用	員工制服
耗材費用（名片）	雜項
菜單印製費用	預備金

▌各自發揮所長 · 合資

合資生意常會有股東間的問題，問題的發生可能是在生意賠錢的時候，但有時生意賺錢也會有問題。我想大家對於合資生意都有這層顧慮，其實合資做生意長久經營的重點，應建立在各自股東間的資源整合，在餐廳的經營中，其資源包括「資金」或「技術」。

資金方面的問題，我們認為如果是 200 萬元以下的投資額，你應該自己獨資，現在貸款創業的管道不少，就算失敗也不致於無法東山再起，投資一定有風險，創業就得負擔風險。最佳的合資經營餐廳，應該是股東間各自發揮所長，通常都是找有外場管理經驗的人，搭配有內場廚房技術整合的股東合資，開業較容易成功；如果決定要合資開業，一定要帳目與權責劃分清楚，這就是所謂親兄弟明算帳。

▌在時間之內決勝負 · 營業額目標設定

有許多餐廳時常客滿，但是這些餐廳不一定賺錢。因為你的營業額如果沒有規畫目標，常會有投資額超額的問題，生意再好也無法獲利，結算結果還是賠錢。依照連鎖餐廳系統的設定方式，開業 1 年內需賺回當初的投資額，否則會被視為投資績效不足；我認為這樣的標準對獨自創業的人來說太過嚴格，但是投資回收期限也應該以不超過 3 年為目標。因為餐廳必須面臨一個殘酷的市場現象，消費者總是喜新厭舊，如果餐廳無法持續滿足消費者的需求，或競爭對手的品質提升，常有餐廳在開業第 3 年時，開始呈現業績下滑的狀態，如果你還沒達

到損益兩平的財務結構，你將愈來愈難經營。假設你當初的投資額是 360 萬元，你每個月必須有 10 萬元以上的盈餘，才能在 3 年內攤提投資成本，才是真正進入獲利的階段。如果以管理得當的餐廳平均淨利 20% 來看，你的餐廳必須達到每月營業額 50 萬元以上才會開始賺錢（如下圖所示），雖然帳面上每個月賺 10 萬元，實際你是沒有賺錢的。簡單的說，你還要扣除投資成本每月攤提的 10 萬元，所以目標年營業額需要設定在投資額的 1.7 倍以上，你的餐廳才會有機會賺錢。倘若你的座位數不夠，就算生意再好也無法達到每月 50 萬元的營業額，那麼你的投資額就應該刪減降低。

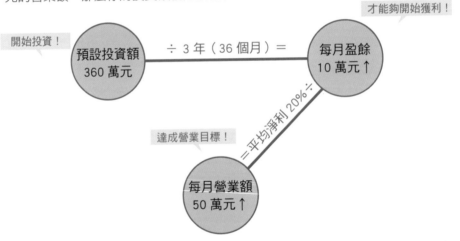

營業額目標的設定，也可以幫助你在人員配置上更有效率，食材成本加人事費用不能超過營業額的 60%，由此可以回推你的餐廳有沒有可能獲利。如果把餐廳管理當作是一個人體，管理是人體的神經傳導，財務是人體的血液，神經若失常，人不會死，但人體失血過多，必死無疑。在餐廳慢慢步入穩定時，也應該定時回顧餐廳營業額與去年同期的比較狀況，一個健康的企業，營業目標應該呈穩定成長的趨勢；如果業績持平，你應該擔心，因為你再不做任何改變，將來的走向一定是往下發展。

▋現實與成本間的衡量 · 營業時間設定

一般餐廳營業時間為午餐及晚餐，午餐跟晚餐之間的用餐離峰時段為餐廳休息時間。營業時間的設定需考慮現實狀況，下午要休息，還是要繼續營業供應下午茶，都有其考慮的因素。餐廳供應下午茶可以帶來營業額，但是別忘了，有營業，就有成本的支出，但是有供應下午茶的餐廳，因為員工工作時數不用中斷，時間不會浪費在下午休息的時間，就是所謂的「一頭班」，比較受員工喜歡，因此容易找到員工。

餐廳是否要訂定每週的固定公休日，這也是跟營業成本有關。我們建議剛創立的獨資餐廳，應該要有固定公休日，因為這類餐廳，老闆幾乎都有身兼一職，常常老闆忙於公務，無法靜下心來思考餐廳營運的事情，應該要空出一點時間，讓自己可以思考過去一週的營業問題，利用公休時間把問題解決與調整，才是永續經營的方法。

▋以餐廳營收評斷 · 發票的開立

餐廳成立就必須跟地方政府提出營業登記申請，餐廳開始營業就會有營業收入的產生，就必須繳納稅金。國稅局是以餐廳營業收入的多寡認定繳稅的核定方式，他們會以你的餐廳座位數，餐點的售價以及每天客戶量（國稅局會派人到餐廳觀察營業狀況），預測餐廳的營業額；如果他們核定你的餐廳每月營業額在 20 萬元以下，可以免開立統一發票（改開立收據），則只需依照法律規定按期繳納稅金。

2-2
Chapter

萬無一失的關鍵，開店前你該準備什麼？

當你以行銷定位出目標市場，分析出餐廳的優勢及劣勢，也完成開店所需的評估等工作後，接下來就可以開始著手準備開店前必備的關鍵重點，每個環節都需要訂定規畫、仔細確認，以確保萬無一失。

▌開店前必備的九大重點

列出開店前你該準備的所有重點，確認後便可開始規畫執行。

時間表	POS 系統	餐具
桌椅客位數	廚房設備	人員招募與訓練
試賣	記帳	外帶餐食

▌清楚規畫的必須 · 時間表

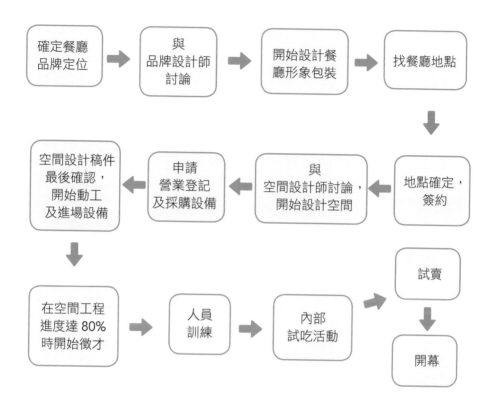

當你找到適合的地點，與房東簽定好承租契約，你就能開始請空間設計師規畫，等到餐廳裝潢的設計圖確認完成，才開始進場動工，這需要有 1 至 2 個月的時間作業。從房租契約生效時，店鋪租金就開始繳納，有些時候可以跟房東商量，在裝潢期間的第一個月房租折半的優惠，但餐廳進場動工不可能 1 個月內完成，所以在餐廳還沒開始營業前，總是會多繳納 1 至 2 個月的房租。但是你也千萬不能為了節省房租費用，在空間設計師還沒將空間設計圖完全確認前，就請工班師傅開始進場工作，因為一旦設計圖需要修改，造成工班停止工作的期間，

你也必須支付工班薪水；或者工程進行到一半需要修改，這樣造成的損失費用
會比房租還要多。開始動工前一定要有施工設計圖作確認才開始，如果是找熟
識的朋友施工裝潢，也必須以設計圖為準，不要以信任的心態做事，那是不可
靠的；此外應該以備忘錄方式與施工業者明訂工期延宕時，每日需補償金額的
方式。

▌裝潢配置時的諸多考量 ・ 餐廳裝潢設計圖

餐廳的用餐環境應考慮客人用餐的舒適性，以及送餐的動線等種種問題。以下
提供餐廳實際的裝潢設計圖（請參考 p.71 ～ 72），並提出餐廳裝潢時需要考
量的常見配置問題供大家參考：

1 排水管的配置通路盡量少轉折彎曲，為避免日後容易造成阻塞。

2 外場及廚房是否使用同一排水管排水至水溝，若是的話，則需在廚房內排水
  管路排出至水溝前加裝油水分離槽，將菜渣、廚餘及油脂跟水分離，只有水
  排出至水溝，以免日後環保局或衛生局檢查。

3 排油煙的設備很重要，可選擇油煙靜電處理設備或水洗式油煙處理設備，來
  處理大家都討厭的油煙問題。

4 電路若有使用用電量大的烤箱設備時，需先確認是否為 220V 以上三向動力
  用電，因為這種動力用電需提前 1 至 2 個月向電力公司申請。

5 動線沒有硬性規定如何擺設，要依店家實際在現場模擬操作，看是否順暢、
  方便才是重點，因為每個店面的基礎構造並不相同。

6 裝潢時是否考慮大量使用方便拆移的建材或傢俱，因為若租約到期不再續約
  的話，一般房東都會要求將裝潢回復原狀。

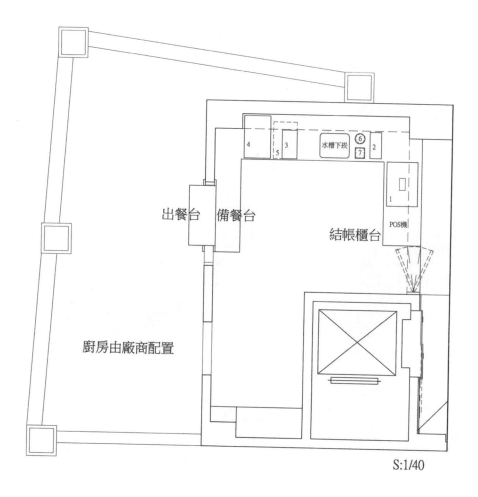

出餐台　備餐台

結帳櫃台

廚房由廠商配置

S:1/40

▲廚房吧檯區配置圖（設計圖提供：空間設計師 廖原凰）：
利用有限空間及不破壞原有建築物

1. **咖啡機** - 長 53cm× 寬 73cm× 高 53cm
2. **磨豆機** - 長 43cm× 寬 20cm× 高 54cm
3. **鬆餅機** - 長 25cm× 寬 47cm× 高 15cm
4. **霜淇淋機** - 長 70cm× 寬 47cm× 高 68cm

5. **製冰機** - 長 60cm× 寬 40cm× 高 74cm
6. **投擲孔** - 挖孔直徑 15 cm
7. **咖啡渣孔** - 挖孔 14cm× 15.5 cm

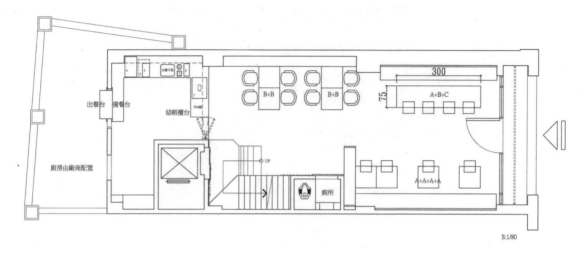

▲ 餐廳 1F 平面配置圖（設計圖提供：空間設計師 廖原凰）

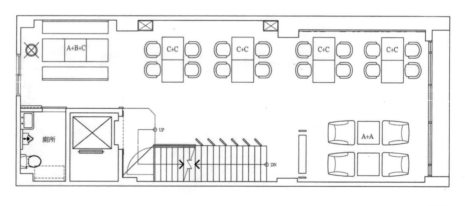

▲ 餐廳 2F 平面配置圖（設計圖提供：空間設計師 廖原凰）

將排水設備設計為同一條管線，不會因過多的管線及轉角讓水管容易阻塞，並考量讓員工最容易工作及出餐速度最快的裝潢及設備擺設。（請參考餐廳平面配置圖）

▌提高營業效率的工具 · POS 系統

大家熟悉的零售或餐飲結帳系統 POS（Point of Sale），其正確名稱是「銷售時點情報系統」。以餐飲業來說，它能提高服務人員為客人點餐的效率與正確性，快速地將客人的點餐資料回傳至廚房，使得出餐流程順利；但是 POS 系統提供的好處應包含每日營業情報資料的整理，讓你可以輕鬆比對營業額、來客數與餐點銷售數字，這些資料的統計才是 POS 系統最重要的功能，它能有效提供正確的資料，以利經營規畫的判斷依據。

▌與客人接觸的第一印象 · 餐具

餐具是客人會用手接觸的器具，你需要考量餐具的質感與重量，有重量的餐具會讓人聯想是高級的材質，雖然其中的差距輕微，但這是客戶衡量餐廳品質的心理重要依據，花費多一點精神在餐具上的選擇很重要，哪怕是餐巾紙的觸感，也是客人對餐廳的第一印象來源之一。

找尋適合餐廳風格的餐具，同時也必須考量到餐廳平時的破損與失竊，這些狀況發生時，遞補同款式餐具的方便性，曾經有餐廳採購了數量剛好的限量餐具，但沒有預估到餐具遞補的問題，造成整組餐具因為缺件而無法使用。除此之外應該嚴格要求工作人員不能提供有缺角破損的餐盤給客人，否則不僅會影響餐廳形象，也會造成客人使用時的安全問題。

▌ 關係到賺錢或賠錢的細節 ‧ 桌椅客位數

餐廳的桌椅客位數是評估餐廳規模的基本依據，但不能為了追求極大的客位數，縮小桌與桌之間的距離，讓客人在用餐過程中感到擁擠不舒適。餐桌大小也應參考菜單的設計內容而設定，如果是主推單點式的菜色餐廳，餐桌一定要有足夠的空間，同時擺放各式單點的餐點；但如果在餐廳經營期間，想更換餐點的販售方式，那麼原本餐桌小的餐廳，便會因此受限於經營模式的調整。此外餐桌應高度適宜，不要讓客人彎著腰進食，這會讓客人在用餐過程中非常不舒服。

對餐廳經營來說，客位數左右了可能達到的營業額，因為一旦生意好，在客人無法進入餐廳用餐的情況下，你還能達成目標營額的話，那就沒有關係。客位數多的餐廳，它的固定服務成本相對來說也比較高，若遇到離峰時段一定賠錢。有預先計算出餐廳可容納的座位數，就能以 1 位服務人員服務 8 ～ 10 位客人的計算方式，來推估需要聘用多少位服務人員。

▲廚房動線必須仔細規畫，避免因動線設計不良造成出餐變慢或廚師工作疲勞。

需要有效的研究利用 · 廚房設備

廚房是餐廳生產「產品」（餐點）的地方，但是由於現在人事成本上漲，而且餐廳業存在人員短缺的問題，一定要有節省空間及人力的想法。有些廚房的爐台離水槽太遠，或者整個廚房的動線都有問題，這會造成出餐速度變慢，也讓廚師容易工作疲勞，因為廚房動線設計不良，不知不覺中讓廚師在廚房裡走來走去，才能完成一道餐點。現在的廚房設備科技進步，可以藉由現代的廚房設備，為自己省下人事成本，如真空包裝機或洗碗機；可以利用真空包裝機將食材一次處理，再以小量分包的冷藏儲存方式備料，能有效保持食材的新鮮度，也可以節省準備的時間。

有關廚房設備的採買，應該要花多一點時間研究，因為爐火的大小，空間的規畫，影響到食材與人事成本，以及出餐的速度。有些餐廳的廚房抽油煙的設備不良，讓前來用餐的客人身上沾附餐廳的油煙，那一定是不美好的用餐經驗；但是最重要的還是安全第一的工作環境，廚房裡的電路、瓦斯等設備的使用上都要特別小心，地板的防滑措施也要注意。

▍作業的流暢與效率・廚房的動線安排

廚房的動線安排關係到作業的流暢與效率，建議以「爐台」為中心點發想廚房設備動線的設計（請見下圖）。食材準備檯、水槽、盛盤檯與烹飪食物最有關聯，不能離爐台太遠，以免造成手忙腳亂的情況。

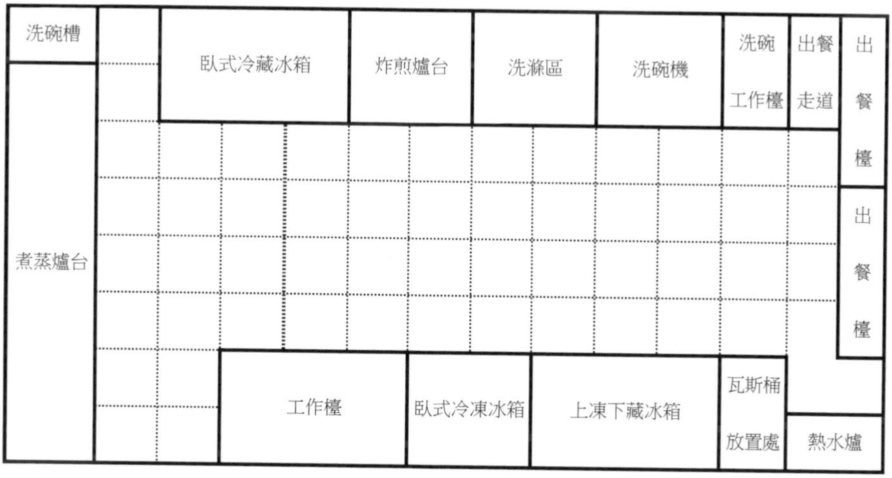

▲ 廚房動線設計圖：建議以「爐台」為中心。

▎餐廳經營的成敗 · 人員招募與訓練

你可以發現，所有的餐廳一直在招募人員，因為餐飲就業人口年輕化，造成流動率大的現象，許多餐飲從業人員都是工讀生，所以人才的招募與培養有困難。一般小型的餐廳不會配置行政人員，大多是老闆兼行政與管理工作，所以餐廳的工作人員種類單純，常被簡單分類為內場與外場人員，內場即是廚房或甜點飲料的技術人員，外場是服務生；前者是餐廳的製造者，後者則是餐廳的銷售員。他們主導餐廳的成敗關鍵，沒有好的餐點，餐廳一定無法經營；但有好的餐點，如果你沒有一個會介紹菜色「產品」的服務人員，餐廳的生意也不一定會好。

我們不是在講客人的「最低」消費金額，而是追求客人的「最高」消費金額的可能性，如何提高客人的「客單價」，讓原本預期客人消費 400 元用餐內容，經過服務人員專業且生動的餐點介紹，多消費了 200 元，如此客單價增加 50%，這是餐廳營業額短時間內增加 50% 的好方法，而且是可以期待的。有些餐廳介紹菜色的過程非常自然，就像朋友般的問候：「你要不要試試看我們主廚最新研發的甜點？」，客人就不由自主的購買；如果你覺得不可思議，你可以回想你是否曾在速食餐廳點餐後，被結帳人員問過這個問題，而你或者身旁的客人是否真的有購買，如果 10 位被詢問的客人，有一位購買，這都是營業額的成長來源。

所謂的訓練，要讓工作人員了解餐廳的經營宗旨與目標，才開始認識產品。如果你無法清楚告訴自己的員工你的餐廳理念與價值，你不是個好老闆，因為你

▲ 讓員工愛上餐廳，他們才能發揮熱情，讓你的客人也一樣愛上餐廳。

無法領導其他人。讓工作人員先愛上你的餐廳這是必須的，他們才有辦法把這
股熱情發揮在工作上，讓你的客人也像他一樣愛上你的餐廳；再好的食物，如
果是冷漠的服務生端上桌，你也不會被感動。專業知識的訓練是讓工作人員愛
上這個工作的方法之一，讓他們覺得自己所介紹的餐點真的很特別，是值得推
薦的餐點；這樣的訓練不能間斷，如此的訓練模式是隨時隨地，也許是每天早
上的晨會，檢討昨天的工作情況，報告今天的訂餐狀況。你需要時常與工作人
員分享餐廳的營運計畫，讓所有人都有一個餐廳發展藍圖在心中，大家朝著同
一個目標前進；企業經營的成敗在人才，餐廳更是最明顯的例子。

▌ 正式開幕前的重要時機 · **試賣**

試賣是餐廳正式開幕前的營業方式，有些餐廳業者低估試賣期間的客訴問題，認為這段期間內消費者會比較包涵品質不好的問題，這都是業者自己的幻想，消費者在試賣期間也是有付費用餐，他們沒必要原諒你的失誤。在試賣前，我建議邀請幾位對餐點了解的朋友，來店裡免費用餐，讓餐廳人員確實模擬一次營業的狀態，讓問題發生在內部，而不是直接暴露在客人面前；如果第一次的試吃活動問題很多，建議再邀集另一批人來試吃，測試之前遇到的問題是否有解決。

試賣期間最常出現的問題是供餐速度太慢，因為就算廚藝資深的廚師，在操作新的菜單也是會有不習慣的問題發生，更何況廚房器具都是剛開始啟用，難免遇到一些小狀況，建議在試賣期間不要開放所有的座位，如果你的餐廳有分樓層，此時開放部分樓層營業是最好的方法，就算客滿也不要開放所有座位，這樣可以用多一倍的人力服務客戶，服務品質一定會提升許多，等試賣一段時間，所有工作人員都熟悉各自的工作內容時，再開放更多的座位。

試賣對餐廳來說很重要，人們為了滿足好奇心，會到新開幕的餐廳用餐，如果客人第一次用餐的經驗印象不好，他不會再是你的客人，而且部落客常會在餐廳剛開幕就前往用餐採訪，因為他們需要撰寫新的題材，此時餐廳的網路口碑傳遞速度很快，業者不能把試賣的失誤視為理所當然，商場是現實的，消費者沒必要給你機會。

▌了解經營現況與未來發展 · 記帳

餐廳是商業模式的一種，所以好的管理建立在「財務」的基礎上，每日的管理需注意消耗品與食材的庫存，追求最小的餐具損壞，最佳的食材新鮮度，以及降低食材的缺貨率，因為有生意但沒東西賣時，是不值得開心的，別以為「完售」應該慶祝，這是管理不當的表現。

記帳可以依賴 POS 系統的資料，它可以快速分析餐廳每天的營運狀況，例如：來客數、營業額、點餐明細。雖然電腦可以幫助我們分析數據，但別忽略人工錯誤的可能性，例如電腦輸入或改單時發生的錯誤。為察覺人工錯誤的狀況，應每日比對外場與內場的點餐單是否一致，發現錯誤只是為了避免再次發生的可能性，而非追究責任。

▼記帳需注意消耗品與食材的
庫存，例如盡量降低餐具的
損壞率。

餐具在餐桌服務或清洗過程中會有破損的發生，應每日記錄破損的數量；食材也會因為新鮮度問題而報廢，也應以表格的方式每日呈現，可當作每個月盤點時的參考依據。餐具與食材都是餐廳時常變動的財產，如果餐廳無法如實掌控這些資料，會造成經營成本的提高，沒有掌控食材的新鮮度，甚至會造成經營上的風險。如果是合股生意或需要對政府報稅時，這些資料的正確性更應該要求；但記帳不是為了政府或股東，而是為了讓自己了解餐廳的經營現況，與未來的發展機會。沒有好的財務觀念，別想做大事業，因為你自以為賺錢的生意，細算後有可能是賠錢。

▌營業外支出的管理參考・**詳細記錄每天損耗**

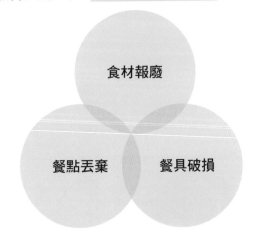

建議每天記錄不可預期的損失，做為營業外支出的管理參考：

- 食材報廢：食材管理問題的過期或變質。
- 餐點丟棄：操作問題造成餐點品質不符標準而丟棄。
- 餐具破損：就算是客人不小心打破餐具，通常也是由餐廳負擔損失。

▎增加營業額的方法 · 外帶餐食的經營

有些時候，人們喜歡在家享用美食，但又不想自己開伙，這就是日本現在流行的「中食」餐飲文化，是將外食餐點帶回家享用的名詞。餐廳的經營不要忽略這一個市場機會，無論是菜單上餐點的外帶，或主廚醬汁的販售，都是增加營業額的好方法，對於外帶的餐食經營應該更積極一些，準備美觀的外帶餐盒是需要的，主動給予客人外帶餐點的促銷折扣，培養客人外帶消費的習慣。

不只是餐點，主廚製作的沙拉醬或義大利麵醬汁，客人都會有興趣購買，如同咖啡店會銷售自家烘焙的咖啡豆一樣，人們有時也想享受在家烹飪的樂趣，這是販售義大利麵料理食材的潛在需求。餐廳販售自家使用的食材是個很好的點子，因為可以把好的食材分享給客人，也可以透過這樣的機會讓客人知道餐廳使用天然的食材料理及對食物的用心，有計畫性地將外帶餐點及食材當作增加營業額的方法，是餐廳經營必須考量的事情。

2-3
Chapter

客人與餐廳間的橋梁，你該知道服務訓練的重要性！

客人對餐廳來說很重要，但員工也是主導餐廳的成敗關鍵，不僅肩負客人和餐廳之間的溝通橋梁，也代表了餐廳的形象。如何提升服務品質，適當解決客戶抱怨和意見，以及如何留住熟客，增強銷售管理，都是你該知道的服務訓練重點。

▌尊重客人也提升餐廳形象 · 制服

制服不是只在意美觀，還是塑造員工向心力的方法之一。在客戶面前，服務人員穿著制服是尊重客人的表現，也反應出餐廳品牌的整體感。制服的選定應依照品牌的定位決定，如果是高級的義大利餐廳，以西裝或套裝為制服是基本的要求；如果是走輕鬆的用餐方式，服務人員卻穿著西裝，那也不對。無論如何，就算你的餐廳是輕鬆用餐的風格，也千萬不要選擇沒有衣領的 T 恤當外場服務生的制服，因為這不符合禮節。

有關廚房內場的制服，雖然現在流行歐美的風格，以 T 恤加圍裙作為工作服，但如果你是強調專業的餐廳，還是以廚師服當作廚房內場制服會好一點，可以為餐點的美味加分許多。假設你的廚師無法保證可以保持廚師服的整潔，請要求他在工作時習慣性穿著圍裙，才不會把廚師服弄得太髒，又走出外場跟客人見面，客人不會覺得你的廚師工作辛苦所以把衣服弄髒，只會想像你的廚房有多不乾淨；想要求廚師的穿著整潔，幫廚師把廚師服送洗是最好的方法，若你注重餐廳的形象，這個花費非常值得投資。

◀ 服務人員的制服類型取決於
餐廳的品牌定位。

▍解決問題的機會 · 客戶抱怨處理

當你遇到客戶抱怨時，應該想到客戶是給我們機會，沒有向朋友或媒體宣傳我們的負面評語。人在抱怨時，沒有一方是愉快的，客戶抱怨只是口氣壞一點的建議，當你遇到客訴時，先處理情緒再處理問題，因為人們的情緒不先平息，小事情都會變成大事情；但是如果發生客人受傷或用餐後身體不適的問題時，應以最嚴謹快速的態度處理事情，不要急著去歸屬責任，客人在你的餐廳出事，你就應負起最大的責任。

遇到下列的情況怎麼辦？我們認為餐廳應設定一個損失金額的上限，如果損失在這個限額裡，應該在第一時間認賠，跟客人之間的爭執，你說你贏，但其實是輸了，因為你流失一個客戶。

▍設定餐廳損失金額上限 · 認賠的判斷

- 服務人員送錯菜，來不及收回就被客人吃一口。→不收錢
- 客人用完餐才跟你說餐點裡有頭髮或蒼蠅。→不收錢
- 客人不小心打破餐具→餐廳自行吸收

創業
小知識　　顧客產生抱怨的原因：預期＞實質→主動表達。

▍Q&A · 客戶抱怨實例分享

Q 客人一進門點餐就說自己接下來有事，希望他的餐點能先上。

你必須將此情況視為「插隊」，應考慮到其他客戶的觀感，如果先到的客人看見後到客人的餐點先上，將會產生其他客人的抱怨。如果遇到這樣的要求，應視實際狀況決定是否讓客人「插隊」；如果無法接受客人的請求，應正面跟客人回應無法配合，讓對方自己決定是否留下來用餐。

Q 客人抱怨其他客人用餐吵雜與嘻鬧。

應有禮貌的跟吵雜客人溝通，說明有其他客人反應，希望降低音量。如果經過溝通後，被吵的客人還是提出抱怨，此時應以安撫被吵的客人為主。

Q 客人在餐廳用餐過程中受傷或流血。

只要有客人受傷或用餐後身體不適，無論責任在誰，請餐廳以最嚴肅的方式面對。餐廳一定要準備急救箱，先幫客人做止血包紮或送醫的處理；如果是餐廳的責任，應該負責客人的醫藥費用，日後也請定時關心客人的恢復情況。

Q 服務人員將餐點或飲料潑灑到客人。

先道歉，馬上準備一條乾淨的毛巾協助客人清理，並同時指揮其他服務人員清理潑灑在桌面或地板的食物，讓客人可以恢復享有乾淨的用餐環境，再送上一份免費完整的餐點或飲料，緩和客人的情緒。如果有必要，應負責客人服裝的清洗費用，將客人的抱怨降到最低。

客戶抱怨背後產生的問題

- 有一個人提出不滿，則應還有 25 個人左右也會有類似的不滿。
- 對於抱怨的顧客如能妥善滿意的處理，則會有 70% 的抱怨者回頭，且忠誠度會更高。
- 至少有 70% 的商品是老顧客所購買的。
- 一位滿意的顧客只會告訴 3 個人。
- 一位不滿意的顧客至少會告訴 11 個人。
- 100 個不滿意的顧客中，大約只有 4 個會抱怨，許多人會默默轉向你的對手。

有時你覺得自己理直氣壯，但也讓客人不高興，因為你必須避開一些容易使人
產生抱怨的言語：

不尊重 ....●
- 你的購買量很少
- 我們休息了
- 我們跟你交易沒賺錢

否定句 ....●
- 勿否定或懷疑客戶

推卸 ....●
- 無法回答問題
- 請客人再來電（應主動跟客戶聯絡）
- 公司規定

命令 ....●
- 先聽我說

責問 ....●
- 怎麼會這樣？
- 害我們忙不過來了

▌關注客人用餐滿意度 · 客戶意見調查表

經營餐廳都應該要有一個觀念，回流客再度上門用餐，才是餐廳經營的基礎，所以客人每次用餐是否滿意，就變成很重要的事情。台灣餐飲業盛行在客人用餐完畢時填寫客戶意見表，但是客人是否有真心回答？沒有人知道；台灣人生性厚道，對於不滿意的事情，往往都是選擇沈默，但是下次不會再來消費。你只能透過客戶意見表發現「重大」抱怨，但是這些不常發生的客戶抱怨，無法體現你的餐廳經營問題，因此應細心觀察客人用餐的過程，能得到不同的意見來源。如果你沒有每天查看客戶意見調查表，或委由主管處理整合這些資料，建議你不要浪費紙張成本再發印調查表，因為你根本不重視客戶的意見，也浪費客人的時間填寫沒人在看的資料。

你應該把所有客人視為只有一次服務的機會，全心服務客人，主動的關心了解客人用餐的感覺，這會比客戶意見調查表來得實用。我在義大利當地餐廳用餐多次，一次好奇問義大利的朋友，有沒有聽過客戶意見調查表，他們說沒有聽過。台灣的服務系統承襲日本的模式，是偏向訓練與壓抑的服務方式，所以才會有「客戶永遠是對的」說法，在義大利，服務生是以如朋友的方式服務客人，而且義大利人對吃主觀，所以餐廳也不會聽客人的意見而調整菜色；雖然義大利的服務方式不一定適合台灣的消費者，但也許台灣餐廳可以將服務的方式變得更自然一些。

▌交易以外的關係 · 熟客的經營

許多人把大部分心思放在如何吸引更多新客戶上門，但其實一個品牌的成功，都是以舊客戶回流購買累積出來的；增加一個新客戶的成本，是維持一個舊客戶的 7 倍，但人們總是沒有花太多精神在舊客戶身上。我遇到許多生意很好的餐廳，他們與舊客戶的關係都很好，這些舊客戶漸漸變成死忠的熟客，這種餐廳的生意有基本客群支持，不用害怕市場競爭；有餐廳建立 VIP 客戶卡，收集完整的客戶資料，但沒有把握住這些客戶來做活動，實在可惜。

熟客的經營需要情境的轉換，平時客人到你的餐廳用餐，這樣只是商業的模式，買與賣的關聯。你需要交易以外的客戶關係，在餐廳裡舉辦生活知識的課程，是拉近與客人之間距離的最佳方法。如果以餐廳的專業，開辦咖啡課程或烹飪課程是最容易上手的模式，因為不用再外聘講師，餐廳裡的吧檯手及主廚都可以勝任，現在健康料理觀念盛行，而義大利麵屬於健康的地中海料理，人們對西式料理的方法也感到好奇，所以這類課程往往班班爆滿。這類的課程應該要收費，就算是象徵性的費用也沒有關係，講師才會得到應有的尊重，而且可以降低缺席率，但你可以回饋餐點給學員，等於是另類的免費上課模式；你也可以舉辦不同主題的餐會或派對，把平常不在菜單上的料理集合，讓想嘗鮮的客人參加，也是不錯的社交場合。

▌檢視經營狀況 · 銷售管理

餐廳的經營需重視客人用餐的經驗，應該定期檢視每項餐點銷售的狀況，以區分熱銷、正常銷售、滯銷的菜單產品，可以討論熱銷產品的原因，將優點置入在其他餐點，以帶動其他品項的銷售量；對於滯銷的餐點必須了解原因，如果改善後還是銷售不佳，可以考慮在換菜單時以其他新菜色取代。

餐廳的菜單有如超市的貨架，有些產品熱銷，有些產品滯銷，雖然銷售量可以幫助你設計未來的新菜單，但不能完全只仰賴銷售量就決定賣什麼、不賣什麼的問題。我們一開始就有提到，必須把餐廳視為品牌經營，每家餐廳有它的定位與個性，才能長久走下去，如果只為討好市場，只推出市場喜好的菜色，很容易失去餐廳品牌特色；反之，有些產品雖然賣得不好，但一定要賣，因為那是塑造餐廳形象的方法，是明明知道不會賣，也要賣的產品，例如在餐廳販售義大利進口的氣泡礦泉水，可以讓消費者提升對餐廳的形象看法，塑造義大利料理的氣氛。

▲ 探討熱銷餐點的原因特色，並將其優點融入到其他餐點內。

Chapter 3
食材採購

3

美味的來源，
教你如何選購與保存食材！

一間受歡迎且能長期經營下去的餐廳，除了前面篇章提過行銷重要性，美味的餐點也是吸引客人繼續上門的關鍵之一，首先必須從認識食材開始，對於食材的種類和特性、挑選技巧、保存處理方式，到食材供應商的選擇與管理等，每一個環節都是幫助你經營餐廳的重要因素。

▌義大利米

義大利麵餐廳通常都會同時提供燉飯料理，所以會有用米的選擇問題。如果你想要烹煮正統的義大利傳統燉飯，一定需要使用義大利進口的米，因為義大利米容易釋放澱粉，可以增加燉飯的濃稠度。義大利米主要可分為 2 類品種— Arborio 及 Carnaroli，不僅從外觀上就有所差別，且適合製作的料理也不同。

Arborio

- 產地：義大利 ‧ 皮埃蒙特（Piemonte）
- 外觀：白色圓形
- 特性：結構扎實，烹煮後容易維持完整米粒與口感
- 適合的料理：燉飯、沙拉、甜點

Carnaroli

- 產地：義大利 ‧ 倫巴底（Lombardia）
- 外觀：米色長形
- 特性：表面滑順，澱粉含量較高，醬汁吸收能力強
- 適合的料理：燉飯

▌ 橄欖油

橄欖油是義大利料理重要的食材，它可以增加食物的風味與質感，更幫助食材之間的味道融合，橄欖油具有其他食用油沒有的香氣，是烹調義大利麵唯一的選擇。在西方人眼中，橄欖油是人類最早使用的食用油，早在 6000 年前人類就開始使用橄欖油，用於食物烹調及保護皮膚。當時人類把成熟的橄欖果實壓榨成果汁，靜置一夜後可以得到浮在上層的橄欖油，這是「初榨橄欖油」的原貌，從此人類開始將橄欖油用於日常生活中。

許多西方神話故事都會提到橄欖樹或橄欖油，希臘神話描述橄欖樹是智慧女神「雅典娜」送給人類的禮物，橄欖樹代表「勝利」與「和平」，這也是「奧林匹克」運動比賽以橄欖枝葉作為「桂冠」的由來。當時的人類還發現橄欖樹可以生長到 1000 年以上，橄欖樹葉在寒冷的冬天不會枯黃或掉落，人類開始崇拜橄欖樹為「長壽之樹」。古早的人們想像只要食用橄欖果實榨取的橄欖油，就可以得到橄欖樹「長壽」與「健康」的精力；雖然這是古老的傳說，但是現代科學家研究證明，橄欖油富含「橄欖多酚」與「單元不飽和脂肪酸」等元素，是非常健康的食用油，也是地中海沿岸國家的人民保持「長壽」與「健康」的祕訣。

▌ 橄欖油的產地

因為天氣因素，地中海型氣候特別適合種植橄欖樹，也讓西班牙、義大利、希臘等國家成為橄欖油的主要產區，這些國家的橄欖油產量占全世界 80% 以上；其中義大利半島的長靴地形，延伸進地中海的中心位置，靠山面海的特殊優勢

條件，使得義大利所產的橄欖油，被最多專業「品油師」評定為世界最優等品質；至今，義大利境內還保有 10 處以上的原始橄欖品種保護區，也是世界上橄欖品種最豐富的國家。

橄欖樹需種植 10 年以上才能收成，一年採收一季，每棵橄欖樹所收集的橄欖只能壓榨 4 ～ 5 公升的橄欖油；每年 10 月下旬，橄欖的採收工作，會由陽光最充足的義大利南方「西西里島」開始，依照橄欖果實成熟的程度，採收工作會逐漸往北移動，將近 12 月會在北義結束所有的採收工作。

▌橄欖油的製作與等級

橄欖油是少數油果（籽）不需高溫焙炒就可以壓榨製作的食用油。在低溫的製作環境下，可以保留橄欖油中最豐富的營養成分及風味，使得橄欖油帶有淡淡水果香味，外觀呈現黃綠色的液體。如果是原裝進口的橄欖油，都會在產品正面標籤上標示原文的等級名稱。因為橄欖油可以「天然冷壓」（Cold Press）製作，依製作方法約略分成 3 種等級：

- 特級冷壓橄欖油（Extra Virgin Olive Oil）
- 純橄欖油（100% Pure Olive Oil）
- 精製橄欖粕油（Olive-Pomace Oil）

創業
小知識　　橄欖油保存期限很長，3 公升的橄欖油約一星期會用完，所以不用擔心會過期；建議可裝在醬料罐（500ml）裡，不夠時再補充，使用起來會比較方便、順手。

最高等級的橄欖油‧「特級冷壓橄欖油」

「特級冷壓橄欖油」（Extra Virgin Olive Oil）是專業名詞，又稱為「第一道冷壓橄欖油」或「初榨橄欖油」，可以參考其原文最為準確，是橄欖油中最高等級，也是營養最豐富、味道最香濃、顏色最翠綠的橄欖油品質。「特級冷壓橄欖油」是把新鮮採摘的橄欖果實直接壓榨成油，可以直接食用的橄欖油，且必須符合嚴格的檢驗程序才能冠上「特級冷壓橄欖油」的等級名稱。它帶有特殊香味，可以作為涼拌的調味佐料；烹飪溫度適合中、低溫度，可以用於一般炒菜的料理方式，請避免油煎及油炸等高溫烹調使用，否則其中的營養素會嚴重流失，但是並不用擔心會產生不好的物質。有關常見橄欖油等級的詳細介紹可以參考以下資料（圖片提供：義大利奧利塔橄欖油公司）：

中文等級名稱	**特級冷壓橄欖油**	**純橄欖油**
專業等級名稱	Extra Virgin Olive Oil	100% Pure Olive Oil
中文等級簡稱	第一道冷壓	第二道冷壓
內容物	100% 特級冷壓橄欖油	100% 純橄欖油
使用建議	涼拌、中低溫烹調	中、高溫烹調
發煙溫度	180℃	200℃
橄欖香味	香濃	適中
製造方法	由橄欖油果實直接壓榨封罐銷售，製造過程中只有清洗、壓榨、過濾及裝罐等物理加工方法。	精製橄欖油，加入冷壓橄欖油，以調整其風味、顏色及品質，但不經化學改造或混合其他油類。

▋ 葡萄醋類

▋ 義大利陳年葡萄醋

義大利陳年葡萄醋又稱「巴薩米可醋」（Balsamic Vinegar），是義大利經典食材之一，主要生產於義大利「摩典那」（Modena）地區。其緣由是在釀造葡萄酒時，一個粗心的釀酒工人將一批該裝罐的葡萄酒遺留於橡木桶，等他發現時，葡萄酒已經發酸，因而造就了人類的第一瓶醋。自從粗心的果農不小心釀出美味的葡萄醋，義大利「摩典那」地區的家庭衍生出一項傳統：在每個小孩出生時，為他釀製葡萄醋，等到成年結婚時，裝瓶作為贈禮，與中國的「女兒紅」有異曲同工之妙。

▲ 奧利塔陳年葡萄醋 250 毫升（圖片提供：義大利奧利塔橄欖油公司）

▋ 義大利陳年葡萄醋不是紅酒醋 · 製作方法與用途

人們以為義大利陳年葡萄醋就是紅酒醋，這是不正確的；雖然 2 種都是以釀酒葡萄為原料，但義大利陳年葡萄醋的製作方法大不同：

• 二次濃縮

新鮮葡萄汁以攝氏 90℃熬煮 24 小時，耗掉約 1/3 水分，熬煮的過程能使葡萄汁液的糖分及酸度提高，得到果香濃郁的濃縮葡萄汁，將這些令人陶醉的汁液裝進橡木桶內釀造，配合橡木桶香氧的陳化，水分因蒸發作用不斷減，得到又香又濃，幾乎全黑的義大利陳年葡萄醋。

- **雙重認證**

並不是每瓶釀造醋都可以稱作義大利陳年葡萄醋（Balsamic Vinegar），為維護義大利陳年葡萄醋的文化與傳統，義大利「摩典那」陳年醋業公會於 1979 年成立，因此義大利陳年葡萄醋受到法律的保障，必須依照傳統的方法製造並且符合品質標準的醋才能以此命名。

傳統「25 年葡萄醋」是以最傳統正宗的釀製方法，將 100 公升經久煮濃縮的新鮮葡萄汁，注入木桶內釀製達 25 年，依序移放在用橡、粟、櫻、桑、梣、杜松等木材製作的木桶中，每年更換一次，窖藏時間 25 年以上。經過長時間的釀製過程，木桶內的水分逐漸蒸發，才可以得到 1 公升香濃的傳統義大利「葡萄醋」。只有通過協會測試的葡萄酒醋才有資格標上「傳統」字樣，裝進規定的瓶子裡，依照成熟時間的長短貼上不同的標籤。獲認可釀製傳統「25 年葡萄醋」資格的生產商，它們全部位於「摩典那」，而每年的全球產量就只有2000 公升，每支均印有品質及正貨保證的標籤。醋的好壞除了跟風味有關，另一個參考重點是「顏色」，品醋區以蠟燭的燭光觀看陳年葡萄醋，顏色才不會失真。

- **用途廣泛**

用途	作法
調味	取代廚房的烏醋或清醋，讓湯品或蒸煮的菜肴風味更有深度。
調製沙拉醬	以醋：橄欖油（1：2），加少許鹽及香料調製成義式油醋沙拉醬。
蜂蜜醋飲	醋：水（1：8）加蜂蜜調和飲用，可替代紅酒及優質醋帶給人體的功能。

▌ 白葡萄酒醋

多用於白肉及海鮮料理的烹調,白葡萄酒醋是使用白葡萄釀造而成的,分為快速和慢速發酵。使用傳統方式的慢速發酵需將白葡萄壓榨出汁倒入發酵桶內,一般情況下,緩慢進行發酵幾個月或一年;快速的發酵方式就是在白葡萄汁液中加入醋酸菌加快發酵,醋會在一段時間 20 小時至 3 天之內就產生,但品質不好的酒醋會在快速製造的過程中殘留酒精。

▌ 紅葡萄酒醋

多用於紅肉料理的烹調,紅葡萄酒醋跟白葡萄酒醋的釀造差異在於白葡萄酒醋是先將白葡萄壓榨出汁再釀造,紅葡萄酒醋是先釀造而後壓榨出醋。

▲ 奧利塔白葡萄酒醋 500 毫升(左圖)、奧利塔紅葡萄酒醋 500 毫升(右圖)
　(圖片提供:義大利奧利塔橄欖油公司)

▌起司 · 七大類

▌軟質

瑞克塔起司（Ricotta）由乳清二次加工所製成，製法為乳凝後脫水，入模型瀝乾水分。很多國家都可看到另一種莫札瑞拉起司（Mozzarella），包括新鮮型或是硬質型的塊狀起司；其中以產自義大利坎帕尼亞省（Campania）的水牛莫札瑞拉（Mozzarella di Bufala）為最高等級，水牛莫札瑞拉獨特的延展性極受歡迎，但因昂貴、保存期限短，因此市面上常見以牛奶莫札瑞拉將其替代。

▌半硬質

貝爾佩斯起司（Bel Paese）質地有彈性、氣味溫和、易融解的特性很適合與料理搭配；常見的比薩絲或加工起司其原料都來自於此類型的起司。

▌硬質

歐洲起司的始祖，也是帕馬森起司的頂級品，其製作方式從 12 世紀至今，受到聯合會的嚴格控制，製造方式幾乎毫無改變。帕瑪森起司（Parmigiano）是以脫脂奶製造而成，因此含脂量較少，熟成後質地堅硬。通過檢測的起司會烙上「Parmigiano-Reggiano」的標章，表示可繼續熟成 2 年以上，若再加上「Mezzano」表示可馬上食用；未通過品質測試的起司其標章會被磨平，僅以「Grana」等級販售，Grana 意指硬質起司。

洗式起司

塔雷吉歐（Taleggio）較常用在前菜或甜點上，較少在義大利麵中使用所以在此不多詳述。

藍紋起司

採用牛奶或綿羊奶製成乳凝、脫水、弄碎、抹鹽、噴灑黴菌（比較容易滋生黴菌），2至6個月的熟成。藍紋起司的口味和質感變化很大，主要有辛辣、重金屬感味道，口味偏鹹，散發強烈的黴菌味（右圖）。

羊起司

佩克里諾（Pecorino Romano）常用於義大利麵或燉飯中，可搭配紅酒使用（右圖）。

加工起司

貝爾佩斯奶油起司（Cream Bel Paese）即是將半硬質起司（Bel Paese）為原料，加工製成乳霜狀，口味最多元，廣受消費者所喜愛。內部的質地均勻滑亮，沒有外皮；外型很多變，三角形、方形、長條形或小立方形都有。

起司的保存祕訣

起司會吸收冰箱裡的味道,應避免與味道較重的食材冷藏在一起,並以密封方式冷藏於 0～4℃的溫度下。冷藏保存是因為冷凍後再退冰的起司口感較差,而密封保存是為了防止起司表層水氣乾化或出油的情況發生,當這 2 種情況出現時,容易導致起司變色或發霉的不良反應。有發霉情況,也別急著把整塊起司丟掉,只要把發霉的部分處理掉就可以繼續使用,不用擔心內部起司口感或品質會有變化,因為發霉只會存在於表面。

保持乾燥有助於延長起司保鮮的時間,原因是起司在空氣中會繼續發酵與熟成,所以離開冷藏時間不能太久,每使用一次起司就需更換保鮮膜以保持乾淨和乾燥,包裝起司時,盡量把空氣壓出來並密封完整,以確保濕氣不會影響到起司品質。除了硬質起司以外,其他起司不建議預先切好要使用的大小,因為多一道程序就多一次起司感染細菌的機會。硬質起司通常會刨成粉後加入餐點裡使用,可以直接刨 1 星期的分量,放入保鮮盒裡冷凍保存。

起司種類	拆封後保存期限	保存方法(0～4℃冷藏)
軟質	14～21 天	• 保鮮盒 • 錫箔紙密封包裝
半硬質	14～21 天	• 雙層保鮮膜並放置於保鮮盒中
硬質	1 年	• 錫箔紙密封包裝 • 白棉布密封包裝
洗式起司	7～14 天	• 原包裝密封包裝 • 雙層保鮮膜並放置於保鮮盒中
藍紋起司	14～28 天	

▌鮮奶油

市售鮮奶油分為：

動物性鮮奶油
牛乳製成

動植物性鮮奶油
由牛乳、棕櫚油製成

植物性鮮奶油
由棕櫚油製成

通常用來調理義大利麵都選用動物性鮮奶油。目前市售大約有分 20%、35.1%、36%、38%、45% 比例乳脂肪含量的鮮奶油，乳脂含量愈高，乳香味愈濃郁且濃稠；此為參考用數據，因廠牌不同及添加增稠劑不同而有所落差，需親自測試過才會知道是否適合自己使用。

動物性鮮奶油最忌諱的保存方法就是冷凍，退冰後的動物性鮮奶油會油水分離，也表示無法再使用，但植物性的不會。未拆封的鮮奶油保存期限約 3 個月；拆封後的鮮奶油則可用保鮮膜密封保存，如果密封情況良好，保存期限可放 7 ～ 15 天左右。鮮奶油建議放置於冷藏冰箱最內側，如放置於門邊容易失溫而加速鮮奶油酸敗的速度。假設冷藏 1、2 天後再使用，發現有硬塊表示密封不完全；開封處有結塊也屬正常現象，使用前過濾掉就可以了。當冷藏溫度不夠或退冰再冷藏，都會造成鮮奶油味道變調的情況發生。使用時，若發現鮮奶油顏色呈現黃色或有異味都表示已腐壞，不得再繼續使用以免影響人體健康。

鮮奶

建議選擇乳脂含量高的鮮乳來烹調，才會讓料理有加分的效果。鮮奶處理過程分為 2 大類，因處理方式不同，保存期限的長短、方法、溫度都不一樣。

巴氏殺菌乳（鮮奶）

作法為加熱 72 ～ 75℃、保持 15 ～ 16 秒，或 80 ～ 85℃、保持 10 ～ 15 秒，以殺死對人體有害的病原微生物，並消滅使牛乳變質的細菌和酵母等；但是這樣做並不能完全殺菌，仍然會保留部分菌群。做好後的產品在銷售過程中需要冷鏈保存，一般在 2 ～ 4℃的溫度下保存時為 10 天左右。

超高溫滅菌乳（UHT 奶、常溫奶、保久乳）

是經由 135 ～ 150℃、0.5 ～ 4 秒的超高溫滅菌，以達到商業無菌水平，然後在無菌狀態下灌裝於無菌包裝容器內的產品。在超高溫下對牛奶進行數秒的瞬間滅菌處理，破壞其中可生長的微生物和芽孢，但同時也破壞了牛奶中的一些維生素物質。常溫奶在常溫下保存即可，保存溫度最好不低於 0℃。

創業
小知識　　冷鏈即是低溫控制下的儲存與運輸過程。

奶油

市售分為有鹽奶油及無鹽奶油 2 種，建議可選用天然無鹽奶油，方便自己調整料理鹹度，盡量不要選擇使用人工奶油或有添加氫化油成分的奶油來調理義大利麵。開封後使用保鮮膜密封保存於 2～4℃冷藏冰箱，可保存 6 至 18 個月，放在冷凍可以延長保存期限，但使用前須退冰。

番茄

番茄必須存放在乾燥且涼爽通風的環境，如果發生發霉情況則不建議繼續使用，原因在於黴菌是由孢子菌絲所組成，切掉發霉的部分只是黴菌的孢子，下面的根（菌絲）還是附在蔬果上，且肉眼看不到，這些黴菌可以再度靠這些菌絲生長，所以蔬果還是會繼續腐爛。切片番茄可以備用 2～3 天的量，但切丁會建議備用 1～2 天的量，因為容易出水造成腐壞。

使用台灣的牛番茄你無法烹煮出義大利正統的香氣及鮮紅色醬汁，餐廳絕大部分會使用義大利番茄罐頭，除了品質、價格穩定，主要是義大利番茄品種及種植方法跟台灣完全不同。你不用擔心罐頭食材的安全性問題，現代的罐頭技術很進步，義大利人利用完全成熟的鮮採番茄，當天將番茄包裝在無菌真空的罐頭中，把鮮度都鎖住；你可以參考右頁中新鮮番茄與罐頭番茄的特色比較。

名稱	新鮮牛番茄	去皮整粒番茄	去皮切丁番茄
特色	味道較鮮甜，且果肉扎實。	整粒的長型番茄，番茄香氣較明顯，但味道較酸。	圓型的切丁番茄，味道較鮮甜。
使用情況	因為台灣氣候的關係，夏、秋兩季的產量少造成成本過高，且處理起來較廢時，因此不多餐廳使用。	義大利人較愛使用	使用方便，深受台灣市場喜愛。

保存新鮮番茄 3 步驟：

1. 置於室溫下避免陽光直射，放置於冰箱只會助長細菌並吸乾番茄水分。

2. 放置時將番茄蒂頭朝下，是為了防止空氣從蒂頭跑走，可長時間保持番茄的水分不流失。

3. 使用前再清洗番茄，確保番茄存放於乾燥的空間，防止腐壞。

▎香料

一般香料分為新鮮及乾燥 2 種，新鮮香料因取得不易的關係都會有乾燥的可以替代，但是香味不如新鮮香料來的清爽。乾燥香料為乾貨，可以密封儲存 1 個月的量，但保存須特別留意，一定要保持乾燥，分裝時建議使用密封罐。存放香料要使用玻璃或陶瓷的容器，鐵的材質容易和香料的揮發油產生化學變化，紙袋保存則會造成香料吸潮而產生發霉現象，而塑膠的材質會因為香料的揮發油滲透，讓塑膠變軟而產生塑膠味。

義大利麵較常使用的香料包括下列幾種：

▎百里香（Thyme）

適合任何肉類的調味，有時燉煮湯品或調理醬汁時會加入，都很適宜，常與月桂葉、丁香、西洋芹等香料蔬菜一起綁成香草束，用來熬煮雞高湯。

▎迷迭香（Rosemary）

一般較適合肉類的料理及麵包類，義大利麵包佛卡夏就是一個代表作；但其性寒，身體較虛弱或是孕婦盡量避免食用。

▎荷蘭芹（Parsley）

又稱巴西里，可說是西方的香菜，分為平葉與皺葉，平葉味道清香，皺葉味道濃郁。西餐料理中較常使用平葉，而中餐料理則多使用皺葉，無論擺盤或是料理提味都很適合。

鼠尾草（Sage）

又稱山艾，常被用於燉煮湯類或搭配肉類料理時增加，加入些許可使料理味道溫順，也有人會拿來當花茶沖泡飲用。

甜羅勒（Sweet Basil）

在台灣，不少餐廳因新鮮香料取得不易，會使用九層塔代替甜羅勒，但九層塔味道較強烈，其喜好程度因人而異。在料理的搭配上，可使用在沙拉、湯品及主菜中，在傳統的義大利麵中與番茄醬汁搭配更能添加其風味。

奧勒岡（Oregano）

新鮮的奧勒岡味道溫和清香，口味上帶些微辣的口感；乾燥的奧勒岡香氣則濃郁，但有些微苦味，風味獨特，可以去腥及提味，因此成為義大利海鮮料理中不可或缺的香料。

蝦夷蔥（Chives）

使用方法一般為細切生食。在西餐料理中常用在沙拉或是義大利麵類的調味，也有人會撒在料理上作為裝飾。

▌黑、白胡椒（Black、White Pepper）

胡椒的用途相當廣泛，無論肉類、海鮮類、蔬菜類皆適用；整粒未磨碎的多用在肉類提味及燉煮高湯，粉狀及磨粗粒味道較濃郁，則常用在少量提味料理。

▌肉荳蔻（Nutmeg）

一般在義大利料理中的用途大多為搭配乳製品及奶類的醬汁，在魚類料理上，牛肉料理也有不少人會搭配其使用。

酒品

由於台灣酒稅的規定，很多業者會在葡萄酒加入鹽，以降低稅金，供應給餐廳作為烹飪用葡萄酒。所以台灣餐廳使用的葡萄酒分為 2 種：加鹽葡萄酒與不加鹽葡萄酒。不加鹽的葡萄酒品質一定比較好，但成本也相對高很多。以下介紹烹調時常用的紅葡萄酒和白葡萄酒，備用量可以抓半個月的量，雖然是酒精，但未開封情況下不會揮發那麼快。

紅葡萄酒

適合搭配紅肉類料理，可當佐餐酒，搭配沙拉米（Salami）、起司一起享用，適飲溫度為 16 ～ 18℃。

白葡萄酒

適合搭配白肉、海鮮及甜點類料理，也可當佐餐酒，搭配前菜或開胃輕食一起享用，適飲溫度為 10 ～ 12℃。

創業小知識

什麼是 cooking wine ？該如何挑選？
在義大利，人們是以喝剩的葡萄酒或品質尚可的葡萄酒烹飪食物。葡萄酒的品質好壞會影響所烹煮的食物風味，不建議故意拿品質非常低劣的葡萄酒烹飪食物，會毀了這道菜。

▌蔬菜類

依中華百科全書分為七大類,義大利麵中常用到的蔬菜如下:

▌根莖菜類

如紅蘿蔔、地瓜、甜菜根、蘆筍、馬鈴薯、洋蔥、蒜頭、蒜苗等…

保存方式	如洋蔥、地瓜、芋頭等根莖類的蔬菜,通常含醣量較高、表皮較硬較厚的,適合放置在通風良好且陰涼處保存,這些蔬菜存放在冰箱中反而更容易出水而腐壞。根莖類離土後,通常生長會處於休眠狀態,只要乾燥且通風良好可以保存很久。 另外有些像紅蘿蔔、白蘿蔔之類的根莖類蔬菜,放了幾天肉質會變軟些,可用打孔的塑膠袋封口,置入冰箱較不冷的下層,則可以保存較久。馬鈴薯放在冰箱中因受潮或放在太陽直射處反而更容易發芽,可用紙袋或多孔塑膠袋套好放在陰涼處,使用前再清洗即可。發芽馬鈴薯不能食用是因為含有龍葵鹼的毒性成分,剛採收下來的馬鈴薯,龍葵鹼含量較少,但是在保存過程中會逐漸增加,發芽後的馬鈴薯,幼芽和芽眼部分會含有大量的龍葵鹼,食用後恐會引起食物中毒。 在 4℃冰箱保存即可,為了避免冰存過程中水分流失,最好將根菜類用白報紙包起來,並盡早使用完畢。

挑選重點	○ 外表乾燥，無產生黏液 × 外表不乾糙且外皮會產生滑滑的黏液 × 有發酵的味道

處理方式	屬於容易軟爛和發芽的種類，洋蔥切丁備用量1～2天，而洋蔥絲則以當天用量為主；馬鈴薯可以預先蒸煮，然後放冷凍保存，備量以1～2天來準備。蒜頭若以蒜碎來說，可以估算1個禮拜的量來選購，切片則建議當天用完後再做準備，因為蒜頭通常是用來爆香，用量不大，所以處理起來時間不需太長。 屬於較硬也耐放的蔬菜，可以預備先處理2～3天的量，冷藏在冰箱時，記得以保鮮膜包好，以免被吸乾水分。

花菜類

如青花菜、白花菜等…

挑選重點	○ 花球呈鮮綠或乳白色 ○ 花蕾緊包不鬆散、不枯黃 ○ 莖為實心 × 花球缺損、容易掉落 × 青花菜：花球呈枯黃色 × 白花菜：花穗呈深黃色，腐壞味

保存方式	以 4℃冰箱保存即可，為了避免冰存過程中水分流失，最好用白報紙包起來，並盡早使用完畢。
處理方式	以冷凍食材來說可以抓 1 個禮拜的量，如果冰箱不夠大，可備 3 ～ 4 天的量，冷凍食材不用擔心會爛掉，新鮮燙過的，建議抓 1 ～ 2 天的量比較好。

葉菜類 - 香辛類

如菠菜、西洋芹菜、生菜（蘿蔓、美生菜、芝麻菜、紫包心、火焰生菜、紅綠橡葉、紅綠捲；香辛類：辣椒、香菜等…）

挑選重點	○ 葉菜端顏色鮮艷、堅挺，且口感清脆 ✕ 葉片變色（不新鮮） 新鮮的葉菜類因為水分保持在葉菜中未流失，為了避免水分的散失，市場上多數的葉菜都裝在塑膠袋內或保麗龍盒中來販售；但是葉菜會從葉片端散發水分，所以要注意葉片是否有變色，如有變色就代表不新鮮了。
保存方式	這種一壓到就容易腐爛的葉菜，絕對要妥善保存，如果有保鮮盒供存放是最好的，備用的量也是抓 1 天的量就好；如果要做生菜用，用生飲水清洗後，再用加冰塊的生飲水泡過，可增加蔬菜的新鮮度和口感，延長保存時間。
處理方式	分切葉菜類最好不要使用金屬類刀具來處理，因為蔬菜在接觸到金屬後容易氧化，散發鐵質而變色，建議可用陶瓷刀處理，以避免氧化問題；處理生菜最好是清洗過後，用手撕成適當大小，再泡入冰水中，而後瀝水備用。

果菜類

如牛番茄、四季豆、甜椒、茄子、南瓜、夏南瓜（黃、綠櫛瓜）等⋯

挑選重點	○ 外皮完整緊實，富光澤感 ○ 果肉扎實，散發特有氣味 × 外皮出現斑點 × 果肉觸感局部軟爛，發出腐敗味
保存方式	比較容易壓爛或發霉的蔬菜放在冷藏時，切記不要放在最下層，最好方法是用保鮮盒或紙箱保存好，不要被其他食材壓到。
處理方式	四季豆去頭、尾再把兩側老莖撕掉，斜切後用熱水汆燙約2至3分鐘，把水瀝乾後放入保鮮盒保存，建議備用1天的分量。 甜椒從頭切開約1公分，把蒂頭和籽取出，再從尾端1公分處切開，並將中間段切開，將甜椒裡面白色部分去除，就可切丁、片或條；甜椒本身容易出水，所以不管怎麼處理準備1～2天的量比較妥當。南瓜較硬也耐放，可以帶皮或去皮，對切去籽後，分切處理完一樣放入保鮮盒，可以準備3～4天的量；夏南瓜如果帶籽使用，建議以1天的量作準備，因為容易出水，若當天沒用完，把多餘的水分倒掉，也可以延長使用時間。

▌蕈菇類

如香菇、杏鮑菇、秀珍菇、洋菇、鴻禧菇等…

挑選重點	○ 外觀較厚實挺拔，水分飽滿 ○ 摸起來不會滑滑黏黏的 ○ 形狀完整 × 外觀軟爛 × 金針菇：菌傘容易脫落（不新鮮）
保存方式	在市場上新鮮香菇常包在袋子裡販售，採購回來只要將袋口打開放入冰箱，就可以延長保存，再將廚房紙巾沾濕蓋在香菇袋口，這樣又可多保存幾天時間；若不將袋口打開，菇類會散發水分，而導致發霉腐爛。香菇的備用量約以3～4天為主，如果無法盡速使用完畢，分裝在小盒子裡並封上保鮮膜，才不會造成整袋香菇因為失溫及散發水分而導致發霉。
處理方式	香菇去掉口感較差的蒂頭後，依料理所需切片、丁或塊狀使用，其餘的菇類基本上從頭到蒂都可食用。

肉品類

豬肉

溫體豬肉

溫體肉是從宰殺、處理,到販售間沒有經過冷凍,肉質的纖維結構未被冰晶刺斷,其口感的彈性及味道絕非冷凍豬肉可以比較。溫體豬肉因肉質經過時間熟成,才會是成熟好吃的肉質狀態;但是目前購買溫體肉有個最令人頭痛的問題,豬肉販的素質參差不齊,不少肉商在衛生的控管方面做得很糟糕,建議選擇有 CAS 驗證的廠商會較有保障。

挑選重點	○ 有 CAS 驗證 ○ 紅色,有彈性 ○ 觸摸起來有些油脂感 ✕ 紅色中帶白色,表面有些水漬(可能是泡水肉) ✕ 暗紅色,帶有些黏液 ✕ 味道腐臭、腥臭、臭油垢味或帶酸味 通常紅色又有彈性的肉,觸摸起來有些油脂感,是最基本挑選的標準。豬肉紅中帶白色,表面有些水漬的可能是泡水過的肉,出現泡水肉表示豬隻在宰殺前被飼養者灌水來增加重量,這種豬肉肉質鬆散,易腐壞,最好不要購買。暗紅色又帶有些黏液的豬肉,帶有腐臭、腥臭、臭油垢、酸味的肉因為保存不當,也建議不要購買。

保存方式	冷藏可使肉類呈現新鮮的狀態,保存較長的時間,低溫保存亦能抑制微生物細菌及分解酵素的活動力,但不會完全停止活動,新鮮的肉品即使保存在冰箱冷藏中,腐敗作用仍會持續著,因此在冷藏溫度 4℃的冰箱中最好不要放超過 2 天;若幾天內都不會取出料理,必須將肉品放入冷凍庫中保存,可使肉品新鮮保存時間較長,盡量調整冷凍庫保持攝氏 -18℃較佳。 肉品若真空包裝,保存良好可放半年,若希望延長保存期限,盡可能將包裝內的空氣及水分排除,避免肉品氧化和耐低溫的細菌滋生,使肉品腐壞。
處理方式	新鮮豬肉可以先調味或醃製,3 ~ 4 天的備用量即可,調味醃製好可以裝在保鮮盒裡,並放入冷凍;當冷藏室裡的豬肉快使用完畢時,前一晚下班前再將冷凍的備用量移至冷藏室退冰。

▌ 豬肉加工製品類

香腸、培根、火腿、臘肉等…此類加工製品建議可以自己動手做,因為市售肉品加工製品多少都有放化學添加物,吃多一定對身體有害,自己做的話,用多少做多少,不用擔心防腐劑等化學添加物的問題。

保存方式	加工過後的肉品需存放於冰箱的冷藏室或冷凍庫中,如果店內冰箱空間允許,可以備用較多天的量。此類的加工肉品,最主要靠亞硝酸鹽來抑制微生物(細菌)的生長,若於低溫中可保存風味之正常,也可避免微生物的生長。若是冷藏在 4℃,可保存 7 天左右;若是冷凍在 -18℃以下,大概可以保存至少 2 個月以上。

冷凍豬肉

由於冷凍的豬肉在 0℃下的溫度中保存，比較不用擔心細菌滋生的問題，選擇有 CAS 驗證的廠商較有保障。但肉品一旦經過退冰解凍後，纖維質多少都會被破壞，如果反覆解凍、冷凍，容易遭到交叉污染，所以冷凍的肉品在解凍之後，要立即食用完畢。

挑選重點	○ 有 CAS 驗證 ✕ 解凍後大量出水、肉體縮小 ✕ 解凍後表面有黏液 ✕ 骨頭為暗黑色且帶異味（可能是病死豬） 採買的冷凍豬肉若解凍後有大量出水導致肉體縮小，有可能是因為豬肉被注射了水分或是磷酸鹽來增加重量；如果解凍後豬肉表面產生黏液，有可能因為豬肉在宰殺後沒有立即冷藏或冷凍，被放置到腐壞後才處理，或者是冷凍豬肉被重覆解凍、冷凍後造成黏液，又或者是冷凍過程中出現了問題，如冰箱因故障導致溫控失常。要注意若骨頭為暗黑色且帶有異味的有可能是病死豬，此類冷凍豬肉千萬不要購買！
保存方式	冷凍庫的溫度若設定得愈低，肉品保存的品質就愈好，盡量使冷凍庫保持在攝氏 -18℃。
處理方式	冷凍的豬肉可以先取出退冰後調味或醃製，3 ～ 4 天的備用量即可，調味醃製好可以裝在保鮮盒裡，一部分放入冷藏，其餘放入冷凍，當冷藏室裡的豬肉快使用完畢時，前一晚下班前再將冷凍的肉品移動至冷藏室退冰。

牛肉

溫體牛肉

台灣目前大部分能採購到的溫體牛肉都屬於台灣黃牛肉，基本上都用於本土牛肉料理店居多；較少西餐廳使用，故不在此作討論。

保存方式	新鮮的牛肉若需調味或醃製，可事先調理，調理完用保鮮膜包覆後，放入 4℃冷藏室可保存 3 ～ 4 天。

牛肉加工製品類

牛肉丸、牛肉腸等此類加工製品建議可以自己動手做，因為市售肉品加工製品多少都有放化學添加物，吃多一定對身體有害，自己做的話，用多少做多少，不用擔心防腐劑等化學添加物的問題。

保存方式	加工過後的肉品需存放於冰箱的冷藏室或冷凍庫中，此類的加工肉品，最主要靠亞硝酸鹽來抑制微生物（細菌）的生長，若於低溫中可保存風味之正常，也可避免微生物的生長。若是冷藏在 5℃以下，可保存 7 天左右；若是冷凍在 -18℃以下，大概可以保存至少 2 個月以上。

冷凍牛肉

大致上分為幾個國家的進口冷凍牛肉，如下。

1 紐西蘭、澳洲：

草原廣大寬闊，大部分都以自然放牧的方式養牛，牛隻也可獲得大量運動，牛隻的食料來源大多為青草，所以肉質為瘦肉多，脂肪少。

2 美國、加拿大：

採「限制牛隻運動」，從牛隻小時候就使用圍養方式限制牛隻運動並餵食穀物，牛隻缺乏運動，故脂肪含量較高，肉質會呈桃紅色且會有白色脂肪的紋路，口感柔滑細嫩。

挑選重點	可從色澤、氣味、黏度、彈性等方面進行鑑別。 色澤：○ 均勻紅色，具光澤 　　　○ 脂肪潔白或呈乳黃色 　　　✕ 色澤暗紅，無光澤 　　　✕ 脂肪發暗，呈綠色 氣味：○ 具新鮮牛肉的特有正常氣味 　　　✕ 腐臭味 黏度：○ 表面微乾或有風乾膜 　　　○ 觸摸時不黏手 　　　✕ 表面極度乾燥 　　　✕ 容易黏手 彈性：○ 指壓後的凹陷能立即恢復 　　　✕ 指壓後的凹陷不能恢復，並留有明顯凹痕
保存方式	冷凍庫的溫度若設定得愈低，肉品保存的品質就愈好，盡量使冷凍庫保持在攝氏 -18℃。

家禽類

挑選重點	挑選雞、鴨、鵝的時候，建議選購有政府把關 CAS 優良肉品，不購買來源不明的家禽肉，主要可看嘴部、眼部、皮膚、脂肪和肌肉來判斷肉的好壞。 嘴部：○ 乾燥、有彈性及光澤 　　　○ 無異味 　　　✕ 顏色黯淡，嘴角有黏液 　　　✕ 腐敗味 眼部：○ 眼球充滿整個眼窩 　　　○ 角膜有光澤 　　　✕ 眼球有黏液 　　　✕ 角膜呈暗色 皮膚：○ 表面乾燥 　　　○ 呈淡黃色或淡白色 　　　✕ 表面出現黏液 　　　✕ 輕微腐壞味 脂肪：○ 有光澤，無異味 　　　○ 稍帶淡黃色 　　　✕ 酸臭味 　　　✕ 呈現淡灰色或淡綠色 肌肉：○ 肉質結實，有彈性 　　　○ 雞的肉質有光澤，胸肉為白色或淡粉紅色 　　　○ 鴨或鵝的肉質為紅色，有新鮮肉味 　　　✕ 肉質呈暗紅色、暗綠色或灰黃色 　　　✕ 有腐壞味

家禽肉類的保存方式有 2 種，分別為冷藏與冷凍保存。

保存方式	1. 冷藏保存： 生鮮的家禽肉品採購回來，將肉保存於冷藏室中，控制溫度在 2～4℃，約可保存 2 至 3 天。放入冰箱前，記得先將肉品用保鮮膜或塑膠袋包好，可以防止肉質在冷藏室中過久而導致水分的散失，進而影響口感，生鮮的家禽肉在冷藏或冷凍時一定要將其內臟分開來保存。 2. 冷凍保存： 由廠商送貨來或是自行採購的冷凍家禽肉，在運送時一定要使用冷藏或冷凍車，確保冷凍的家禽肉不會因為長時間運送而融化失溫，導致腐壞。肉品到店後，將其放入溫度保持在攝氏 -18℃ 的冷凍庫中；一定要將冷凍的家禽肉保持冷凍狀態，直到需要使用時才解凍融化，解凍後要盡快料理完成。
處理方式	新鮮的家禽肉可以從採購回來先調味或醃製，3～4 天的備用量即可，調味醃製好可以裝在保鮮盒裡，封上保鮮膜並放入冷凍，當冷藏室裡的肉快使用完畢時，前一晚下班前再移動至冷藏室退冰。

▍海鮮類

▍蝦類

挑選重點	○ 外殼硬挺、有光澤 ○ 蝦肉有彈性 ○ 蝦頭、蝦身及蝦尾相接處不脫離 × 蝦頭變成黑色（不新鮮）
保存方式	若是生鮮的買回來，清洗乾淨後裝入保鮮盒，放入冷藏室儲存大約 2～3 天；若是加水冷凍（-18℃），儲存時間能達 4 至 6 個月。
處理方式	蝦子處理最重要的就是挑腸泥，如果不去殼，可以使用牙籤，從蝦頭至第一關節前頭處，用牙籤挑出腸泥；如果要去殼，先割開蝦子的背至最後一節，就可以去殼然後去腸泥。新鮮的蝦可以處理 2～3 天的分量，然後保存於冷凍；如果本身就是冷凍的，建議半解凍的時候處理，要立即並在最短時間內處理完畢，再冰回冷凍，兩者皆於備用量快用完時提早一天放置冷藏退冰。

貝類

較常使用到的為文蛤，文蛤又以活貝為佳，浸水後會將殼逐漸打開，碰觸時會立刻關起的就代表新鮮；不新鮮的文蛤外殼呈打開狀，碰觸後無反應且有腐臭的味道。

挑選重點	○ 泡水吐沙時會伸出唇部 ○ 碰觸時立刻關起外殼 ✕ 外殼呈打開狀，碰觸後無反應 ✕ 有腐臭味
保存方式	新鮮貝類如文蛤，需分裝泡水加蓋，放置 4℃冰箱保存。
處理方式	採購人員採買回店後，可先泡鹽水讓新鮮的貝類吐沙。

蟹類

挑選重點	足部與身體的連接： ○ 連接處緊密 ○ 拿起時會下垂而非鬆弛 ✕ 連接處可轉動 ✕ 拿起時明顯呈現鬆弛 分辨鰓部顏色： ○ 腮的絲狀部位乾淨、清晰分明，呈白色或稍帶黃灰色 ✕ 腮的絲狀部位腐壞、黏結在一起
保存方式	採買回來的新鮮蟹類，先把有活力的蟹類足部用繩子捆綁起來，可以使螃蟹的體力消耗減少，存活率較高，再放入冷藏櫃，溫度約保持 5℃，可以蓋上濕報紙或毛巾保存。

▋ 頭足綱類

挑選重點	魷魚： ○ 表皮呈淡褐色半透明狀 ✕ 表皮呈深褐色 章魚： ○ 用手碰觸吸盤會被吸住 ✕ 吸盤失去吸力，隨時間產生氨水臭味 新鮮的頭足綱類，以魷魚來説，剛從海水裡撈補上岸時，表皮會呈現淡褐色半透明狀，但會隨著時間和新鮮度流失而變成深褐色；而章魚類的話要以吸盤的吸力來做新鮮度的判斷。
保存方式	用水洗乾淨後瀝乾，放入保鮮盒中或包上保鮮膜，若馬上要使用放入 4℃冷藏庫即可，若擺放在冷凍庫 -18℃中則可長期保存。
處理方式	頭足綱類採購回來，內臟、骨頭、表皮都要先處理掉，如果沒有立即處理掉，則容易腐壞。

█ 魚類

挑選重點	魚眼：○ 需飽滿凸出，透明且富彈性 　　　× 混濁無彈性 魚腮：○ 呈鮮紅色，黏液為透明狀 　　　× 呈暗紅色，黏液混濁 魚體：○ 魚鱗有光澤，且與魚體緊密不易脫落 　　　× 魚鱗無光澤、容易脫落
保存方式	魚類的保存方式有 2 種，分別為冷藏保存與冷凍保存。 1. 冷藏保存： 　生鮮的魚類採購回來，在冷藏或冷凍前一定要先將內臟及魚鰓去除並清洗乾淨，將其保存於冷藏室中，控制溫度在 2～4℃，約可保存 2 至 3 天；放入冰箱前，記得先將魚類用保鮮膜包好，可以防止魚肉在冷藏室中過久而導致水分的散失，進而影響口感。 2. 冷凍保存： 　由廠商送貨來或是自行採購的冷凍魚類在運送時，一定要使用冷藏或冷凍車，保持冷凍的魚類才不會因為長時間運送而融化失溫，導致不新鮮。魚類到店後，先將內臟及魚鰓去除並清洗乾淨，再放入攝氏 -18℃的冷凍庫中，一定要將冷凍的魚類保持冷凍狀態，直到需要使用時才離開冷凍庫解凍融化，解凍後要盡快料理完成。
處理方式	刮除魚鱗，剖開腹部將魚腮及內臟取出，並清洗乾淨。

擁有好品質及價格的原物料 · 供應商與餐廳的戰略夥伴關係

供應商管理

供應商指的是向餐廳方提供產品或服務，並收取費用作為報酬的公司行號，也可以為餐廳營運提供原物料、設備、工具及其他資源。供應商的管理即是針對供應商的選擇進而配合、使用、控制、了解，而後再開發新的供應商等管理工作的總稱；首先就是要建立起一個穩定且可靠有信用的供應商團隊，並為餐廳營運提供有品質的物資供應。

供應商管理的首要目標

符合餐廳所需原物料品質和數量要求。

以低成本獲得好的產品及服務。

確保供應商能提供最好的服務，以及送貨時效性和永續發展。

維持良好的夥伴關係，並再度開發其他更優良的供應商。

如何選擇適合的供應商

餐廳採購人員選擇與供應商建立起營運上的戰略夥伴關係，並且控制雙方的關係及風險，訂定定期評量供應商的評價是餐廳必須關心的問題。隨著採購支出占收入比例的不斷增加，採購的工作將會成為決定餐廳未來營運發展的關鍵。

選擇供應商的標準有很多，可以根據配合時間的長短分類為短程標準和長程標準。確定選擇供應商的標準時，要把兩者合起來評量，才能讓選擇供應商的標準更廣泛，進而利用標準對供應商進行評價，最終尋找到理想的供應商。

短程標準

銀貨兩訖是最簡單的說明，缺什麼原物料就叫什麼原物料，達到簡單的供需即可，並確保較低的成本、能否及時出貨、產品及整體服務品質，和公司永續經營的可能性。

長程標準

長程的標準訂定得較為嚴格，主要在於評估供應商是否能保證長期而穩定的供應，其生產能力是否能配合公司的成長而相對擴展，以及產品未來的發展方向能否符合公司的需求，是否具有長期合作的意願等。簡單來說就是要評量供應商內部組織定位是否完善、產品的品質管理是否健全、若是需要 OEM 則內部機器設備是否先進、保養清潔是否完備，以及財務狀況是否穩定。

創業
小知識

OEM（Original Equipment Manufacturer）原廠委託製造代工：簡稱委託代工，是受託廠商按原廠的需求及授權，依特定的條件而生產。

挑選供應商必須注意的問題

選擇有實力的供應商　　　　　　　不能只選擇一間供應商

選擇有實力的供應商

如果產品的報價及訂定的承諾都相同的情況下，建議先選擇那些形象良好並有一定實力的供應商，最好是有跟知名餐廳或飯店長期配合的。

不能只選擇一間供應商

若供應商只有一間，會導致供應商常常能左右採購的價格，或是對餐廳採購人員施加壓力，這時可能會讓採購方落入壟斷供貨的控制中，對餐廳採購而言，一定要避免這種情況的發生，盡可能選擇 2～3 家供應商。

互相分享價值 · 供應商的議價

供應商和餐廳在合理的交易範圍中有著基本的對立，大家都希望能夠在合理範圍內降低成本價格及獲取最大的利潤。對供應商而言，在市場機制中希望上游廠商降低成本進而賺取利潤；而對餐廳來說，希望在價格和品質、服務之間的比例能達到最佳水準，以最低的成本購買到好品質的產品及服務。

在市場裡面，供應商和餐廳之間有著一定的價值在互相分享，當供應商向上游進貨的成本降低，而餐廳獲得的價值提高，雙方才能共同分享此價值。供應廠商以價格導向為出發點，採購人員以品質佳服務好，價格在可以接受的範圍內為重點；若是此價值偏向任何一方，如供應商進貨成本過重，或是餐廳原物料採購在價格和品質上無法平衡而不能接受，可能造成談判破裂而交易失敗。

▍建立信任關係 · 供應商的貨款

貨款採用「月結」，是台灣餐廳與供應商間往來最普遍的一種結帳方式。餐廳頻繁的叫貨，若是每次叫貨都用現金付帳，而當下餐廳正在忙著出餐及服務客人，一來會造成供應商久候，二來則是在付現找零的過程中，遺忘了客人所交代的事情，或是用剛拿過錢的手未清洗便繼續製作餐點，而造成餐點污染。

一個月中叫貨採買好幾次，交易久了，建立起信任的關係，之後送貨來時只需簽收及點貨確認數量和品質，貨款在月底一次結清，省時又方便。月結的貨款若以現金付現或匯款、轉帳的方式結清，通常供應商較喜歡這些方式，因為有現金可以運用及週轉，此時供應商都會回饋餐廳 2 〜 5% 的折讓；月結的貨款若是以開票的方式結清，開票的期限通常都是 30 至 45 天，依照金額大小及信用狀況來決定。

Chapter 4
開店規則

4
Chapter

各就各位，制定廚房與經營成本的開店規則！

什麼是 SOP ？包括餐點製作、採購、驗貨、倉儲、菜單設計、外場服務等都可建立出 SOP 標準化流程，以便有效的利用，進而達到最大的效益；除了制定標準化流程，還能以簡單方式計算出各類成本及必要評估重點，先制定好開店規則，餐廳開業時也會輕鬆許多！

▌成本計算

成本計算大致可分成以下 2 種模式：

業界常用的模式

成本反推訂價模式

直接成本與間接成本的控制 · 業界常用的模式

租金水電	食材	人事	稅金和雜支	淨利
15%	25%	30%	10%	20%

以一個月 100 萬元的營業額來算（如上面表格所示），店面租金及水電費約 15 萬元，食材成本約 25 萬元，人事成本約 30 萬元，營業稅和雜支（設備維修費等）約 10 萬元，淨利約 20 萬元（未扣除年度的營利事業所得稅）。

餐飲業的成本結構

直接成本：

餐廳料理中的食材費，大致上包括料理食材成本和飲料成本，這也是餐廳中最主要的支出之一。

間接成本：

營業中所產生的其他費用，像是人事的費用和一些經常性的支出。人事費用包括了員工的薪水、獎金、紅利、勞健保、勞退及福利等支出；而經常性支出大致上包括租金、水電費、餐廳生財器具折舊維修、裝潢的折舊維修、營業稅、產物保險、文具費、瓦斯費及其他雜支費用等等。由此可知，餐廳必要性的成本控制範圍，包括了直接成本與間接成本兩者的控制，所以菜單的設計、食材原物料的採購比價、餐點料理的過程、外場人員服務的方式和生財器具保養等都與成本相關，必須要嚴格的落實執行標準程序化（SOP）。

控制直接成本的方法

餐廳的成本控制，不是減少必要的開支或是採購低價且低品質的原物料來節省支出，而是分析支出的合理性及必要性，在所有分析開始前，我們可以用年或月為單位的預算來規畫，而後檢視營運中的支出是否合乎所規畫的預算，最後再來檢討增加或減少預算。

控制直接成本的步驟

1 成本及支出標準的建立

建立成本的標準，不外乎就是決定各項支出的黃金比例。以餐廳原物料成本為例，原物料成本也指料理的原始食材或半成品食材採購的價格，不包括人員處理時的薪資支出或是其他的費用。

原物料成本比例有 3 個要素：

採購時的價格　　　　每一道料理所需的分量　　　　菜單上的定價

2 記錄下實際會發生的營運成本

餐廳在營業中總是會遇到意料之外的支出，有時因天災而影響原物料的成本上升，有時是員工的教育訓諫不足而導致浪費性的支出，這些問題都會直接使營運成本增加。所以記錄下營業過程中的支出，並參照記錄上面預估的支出，就可以發現餐廳在管理層面有何缺失待改善，進而修正 SOP 的流程。

3 菜單的設計及訂定售價

餐廳菜單上所販售的料理由採買原物料到製作後銷售出去為止，每個過程都與成本有關，每道料理製作時所需的人力、時間、原物料及分量這些因素一定會反應在料理所訂定的價格上，所以設計菜單及訂價時要注意這些因素，必須要仔細地訂定菜單上販售料理的種類及分量。

料理價格訂價的 25%，是指按照老闆食譜中製作一道 1 人份的料理所需要的原物料成本。計算的方式為將食譜中所有食材的價格總和除以食材總重量來求得最小重量的單價，再乘以提供給客人一份料理的分量，以下用瑞克塔起司茄汁麻花捲麵（1 人份）作為成本計算的範例。

1 人份食材單價成本計算公式：

食材價格 ÷ 食材總重量（公克）=1 公克的食材單價

1 公克食材單價 × 烹調 1 人份食材所需分量 =1 人份食材單價成本

1 公斤 =1000 公克	1 台斤 =600 公克	1cc= 約 1 公克

瑞克塔起司茄汁麻花捲麵（1人份）			
食材名稱	食材價格／重量	1人份所需分量	1人份食材單價成本
聖女番茄	50元/1台斤	3個（約15公克）	→約1.25元
帕米吉安諾 - 雷吉安諾起司刨粉	890元/1公斤	10公克	→8.9元
馬斯卡彭起司	220元/500公克	30公克	→13.2元
瑞克塔起司	180元/250公克	30公克	→21.6元
鹽	15元/1公斤	適量（約2公克）	→0.03元
甜羅勒葉（九層塔）	15元/1台斤	適量（約2公克）	→0.05元
生麻花捲麵	90元/1公斤	80公克	→7.2元
合計			52.23元

基礎番茄醬汁材料			
食材名稱	食材價格／重量	1 次烹煮所需分量	1 次烹煮食材單價成本
義大利整粒去皮長形番茄	120 元 /1 桶（約 2550 公克）	1 桶（約 2550 公克）	→ 120 元
洋蔥	200 元 /1 袋（約 12 公斤）	1/2 顆（約 200 公克）	→約 3.3 元
蒜仁	30 元 /1 斤	2 瓣（約 5 公克）	→約 0.25 元
特級初榨橄欖油	310 元 /1 公升	120 毫升	→ 37.2 元
鹽	15 元 /1 公斤	適量（約 10 公克）	→ 0.15 元
合計		2885 公克	160.9 元
食材名稱	食材價格／重量	1 人份所需分量	1 人份食材單價成本
基礎番茄醬汁	160.9 元 /2885 公克	150 公克	→ 8.37 元

食材成本 52.23 元 + 醬汁材料成本 8.37 元 =60.3 元

→以上為單一份瑞克塔起司茄汁麻花捲麵的成本，但不包括人事、水電、租金等等的成本。

4 原物料的採購

若是採購太多的量時,會造成儲存的困難及食材的損耗率增加,但是數量若採買不足時,又可能因天災或是人為因素造成缺貨,而使成本也隨之提升。所以要準確地評估預期銷售量並定時的盤點存貨,季節性地改變菜單或是採購方便儲存(常溫保存)的食材,都是採購人員需注意的地方。

5 料理的製作

因為製作料理人員一時的大意,或者溫度及時間上控制不當,又或是分量的計算錯誤,總是會造成食材的浪費且增加成本。因此使用標準的度量衡器具和標準調理動作是必須的。

營業成本增加的 10 大問題原因:

1 廠商配送原物料錯誤

2 原物料儲藏不當

3 原物料製作消耗過多

4 食材在處理及烹煮過程中縮水

5 每道料理的分量控制不均

6 員工服務客人不當遭客訴而導致損失

7 結帳員工有意或無心的現金短少

8 未能充分利用原物料處理過程所產生的剩餘食材

9 員工偷竊

10 員工餐未按照 SOP 所規畫的分量使用

控制間接成本的方法

1 薪資支出的控制

訓練度及穩定度不夠的員工，工作效率肯定不足，料理的良率也難提升；疲累過度的員工，服務上的品質也肯定會降低，所以這些問題都會直接影響人事成本的支出。首要課題就是要有效的分配工作時間與工作量，標準程序化的培養和訓練員工，絕對是控制人事成本的不二法則。人事成本中共包括薪資、員工住宿、勞健保、勞工退休金、加班費、員工食宿費、團險、員工餐點及其他的福利等等，當中薪資成本的支出一定最高，占總營業額約 3～3.5 成，但是不同的經營風格及服務品質的落差，人事成本高低會因此而有不同。

2 降低薪資及其他成本的方法

依照餐廳服務品質、餐點品質及難易度等種類的不同，薪資成本的設定也會不同。如果老闆或主管評估發現薪資成本過高，不符合收支時，除了必須重新設定評估店內的服務品質、餐點品質及餐點難易度外，也可採取以下的方式：

* 利用機器代替人力，例如以切菜機、食物調理機或洗碗機來代替或簡化人力。
* 重新檢視餐廳外場和廚房的設備及動線流程，以利縮短工作的時間進而達到節省人力。
* 將現有工作簡單化，例如套餐附的沙拉、湯品、飲品可否一次送至客人桌上。
* 員工若是沒有節省的習慣，恐會造成物品及能源的浪費，例如原物料、水、電、文具和清潔用品等。養成員工良好的工作習慣及態度，落實外場及廚房中原物料及消耗性物品的嚴格控管及良好的倉儲管理，一定能改善不必要成本的支出。

▌ 算出餐點應有的訂價 · 成本反推訂價模式

先決定要賣什麼餐點，我們可以利用 p.137 說明的成本計算公式和範例，算出餐點的食材成本。一般餐廳都以食材成本來推估餐點的訂價，餐廳成本應該占定價的固定比例，以求得合理定價與毛利。

食材	租金水電	人事	稅金和雜支	淨利
25%	15%	30%	10%	20%

→如果以每份食材成本約 60 元，預設食材成本的占比為定價的 25%，我們可以推估餐點定價應為 240 元。

若店內用餐區座位數 50 個，中餐及晚餐只客滿但不翻桌，求得一天中餐及晚餐的淨利推估為 4,800 元，一個月若無店休則當月的淨利約為 144,000 元。
看到這個淨利是否心動了呢？我告訴你，別高興得太早！若能真正達成右頁說明的目標你才會有這個淨利，若無法達成，這個 20% 的淨利，你只能空想了。

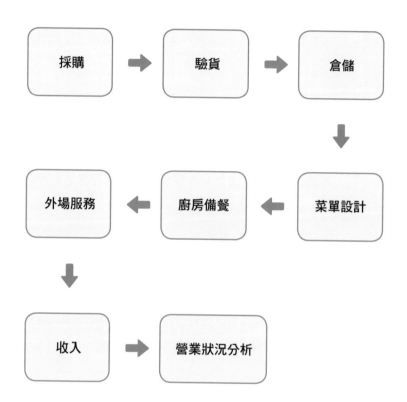

餐廳的餐點及販售的商品從採購一直到銷售出去，可將其他分成採購、驗貨、倉儲、菜單設計、廚房備餐、外場服務、收入、營業狀況分析等步驟。成本控制也就是針對每個過程全面實施 SOP 化嚴謹的管制，以期合理的控制成本。

| 採購

● **選擇能長期配合供應原物料的廠商為原則**

1 尋找能長期配合廠商供應的原物料，且一定要建立原物料供應廠商的名冊。

　（請參考右頁的供應商評核表，適用於連鎖型餐廳）

2 採購的原物料盡可能選擇大廠或是具有公信力優良食品資格的供應商。

3 近幾年的食安風暴，主要因為食品安全發生了問題，如果對廠商提供的原物料有疑慮的話，需要求廠商提出檢驗報告及進貨憑證或產地來源證明。

4 訂貨方式及流程編訂：廚房主管必須依照 SOP 標準流程來訂出安全存量，填寫點貨單或食品採購單，於每日下班前交給採購人員叫貨。（請參考 p.146 的原物料採購單，適用於連鎖型餐廳）

5 向廠商確認能否配合我方時，可提出以下要求：

　(1) 運送時的載具有低溫保存的功能，因有些生鮮食材須冷藏或冷凍保存。

　(2) 能盡量配合在要求的時間內將原物料送達，也必須遵照驗收流程與標準。

　(3) 驗收貨時廠商所提供的原物料若是不符合我方標準時，必須可以無條件退換貨。

供應商評核表

評核日期： 年 月 日

供應商基本資料		
供應商名稱： 電話： 公司地址： 聯絡人：	供應產品：	特殊事項：

評核項目	評核要點	評核分數	評核人
品質水準 (50分)	產品數量合格率：10分		
	產品品質合格率：40分		
交期配合度 (30分)	1. 依訂單準時出貨，無需催促準時交貨者 2. 從末發生延遲交貨，稍加催促準時交貨 3. 需催促才不會延遲交貨時間 4. 已延遲一次 5. 已延遲二次以上		
價格水準 (10分)	1. 比標準單價低5%以上 2. 比標準單價低1-4%以上 3. 比標準單價相同		
服務與協調性 (10分)	1. 售後服務及協調性佳，配合性高速度快 2. 售後服務及協調性佳，配合性高速度普通 3. 售後服務及協調性佳，配合性高速度不佳		
總分			

評核結果：
☐優等　　　☐甲等　　　☐乙等　　　☐丙等

優等：85分以上者(採購時優先考慮)　甲等：75-84分者(鼓勵改進達到優等)
乙等：65-74分者(加強督促其品質、服務之穩定性)　丙等：64分以下者(取消供應資格)

原物料採購單　　　　　編號

供應商名稱：
供應商地址：
供應商電話：
供應商傳真：
聯　絡　人：

訂購人：_____ 訂購日期：_____ 聯絡電話：_____

物料編號	物料名稱	數量	規格	單價	總額
				總計	
				營業稅	
				運費	
				合計	

負責人核准：_____ 會計：_____ 採購人員：_____

- **採購作業的流程和重點**

1 採購人員的工作，就是以合理且較低的成本，品質要在標準之上，替店裡節省開支及對原物料的品質把關。

2 採購的方式：

(1)詢價一先詢問多數配合的供應商相同的單一原物料售價，再選擇對我方較有價格、產品品質上的優勢等等的供應商。

(2)議價一找到相同產品且價格成本在我方所訂定範圍內的供應商，依降低成本為目標來和供應商談判，談判過程中應避免採購人員舞弊。

(3)比價一採購人員依相同產品在數家廠商提供報價，從中間比較後，選擇能降低成本且保證產品良好品質的供應商，來決定選擇哪間供應商配合。

3 採購標準原則：

(1) 適當的價格—依據過去採購價格記錄、市場行情、價格分析。

(2) 適當的存量—安全存量的採購量。

4 訂定標準化的採購流程及製作採購（叫貨）單的格式

5 訂定標準化的生鮮食品採購、進貨及保存方式的流程

6 訂定標準化的採購物品驗收作業

7 訂定採購原物料的付款方式：

(1) 採購人員或當班人員以零用金支付現金。

(2) 月結制：供應商送貨來時，經驗收無誤後即可簽單，於每月固定日期統一付款。

- 消耗性物品及文具用品、雜項的採購作業

1　經老闆或主管許可的消耗性物品或文具用品、雜項等，採購人員必須確認需
　購買的物品不是現在店內有庫存的品項，而且需訂定一定金額內才可由員工
　代為採購。

2　員工需確實跟供應商索取發票或收據明細等，完成採購作業後，主管將採購
　的金額由當天營業額中先行支出，並填寫支出的表格來作為支出憑據。

3　若供應商為月結廠商，則待驗收物品後將簽收單交由當天結帳人員。

| 驗收

- **訂定驗收的標準程序**

1　生鮮食材的驗收標準化。

2　消耗性用品的驗收標準化：平日收集該用品相關資料，以利制定標準。

3　一般裝修、水電及生財器具維修的工程品質驗收標準化

4　小額支出物品及文具用品的驗收標準：需查證是否為必需用品，應嚴格檢視
　以避免浪費性支出。

5　驗收作業的執行重點

　(1) 執行驗收時的工具：驗收可以利用如磅秤等度量衡工具，及驗收人員專
　　　業水準的評斷。

　(2) 執行驗收時的依據：需根據訂貨單及供應商送貨單上原物料的數量及規
　　　格作為驗收及收貨的依據。

(3) 驗收把握的原則：

　　・嚴格及審慎的查驗原物料的規格、品質與數量是否正確。

　　・查看原物料的生產日期及有效期限是否正常。

　　・需經常性的檢查驗收工具的準確性及可用性。

倉儲

● **訂定庫存管理的標準化**

1 倉庫依照原物料及設備、器具的屬性來分類

　(1) 生鮮食材

　(2) 冷凍食材

　(3) 罐頭食材

　(4) 一般用品

　(5) 消耗性用品

　(6) 文具用品

　(7) 營業用器具及工具

　(8) 雜項

2 食材儲存的方法：

　(1) 常溫保存

　(2) 冷藏保存

　(3) 冷凍保存

3 倉庫領取物品的流程：需填寫領用貨品單，經主管核准後便可至倉庫取貨並確實填寫原物料進銷存明細表。（請參考 p.151 的領用貨品單，適用於連鎖型餐廳）

4 存貨管理需注意的事項：

(1) 每一項原物料都必須建立進銷存明細表及用貨單，同時要記錄每次進貨
及領貨的資料。

(2) 記錄每一項原物料每個星期或每個月的消耗量來訂定安全存量

(3) 注意倉庫內原物料保存的空間溫度、濕度是否正常。

(4) 每日盤點庫存的原物料，領取貨品時必須以先進先出原則來擺放。

(5) 每一季或半年，依照 POS 系統或平日的營業記錄來分析銷售不好的餐點，
進而更換菜單及處理其餐點滯銷的原物料。

領用貨品單（用貨單）　　流水編號：

領用單位：□外場　□廚房　　　　　　　領用日期：　　年　　　月　　　日

貨品編號	貨品名稱	規格	數量	備註

主管：_____　倉庫管理人：_____　領用人：_____

Chapter 5
開一間
義大利麵餐廳

01

翻桌吧

TURNING TABLE BRUNCH

台北捷運江子翠站前總是人潮川流不息、熱鬧不已，但轉進巷弄間，卻是氣氛寧靜的住宅區，鄰近公園綠地的「翻桌吧 Turning Table Brunch」，就是一家鬧中取靜、氣氛優閒的餐廳。

這間名字有趣、裝潢簡單卻充滿巧思，在細節處看得見用心的餐廳，由店長崔筱芸（Summer）和主廚崔虎峻（Alex）姊弟倆親手打造；2 層樓約 20 多坪的室內空間，裝潢由學設計的姐姐一手包辦，餐點則是曾在義大利餐廳工作數年的弟弟負責。

擁有一間溫馨舒適、讓人可以放鬆心情享受美食的餐廳，一直是姊弟倆的夢想，他們平常便會聊關於餐廳的各種細節，直到 2014 年覺得時機成熟，也累積足夠的經驗，就決定開始著手打造夢想中的餐廳，前後共花了 5 個月時間，幸運的是決定開店沒多久，就在網路上搜尋到現在這間店面，到現場看的時候，發現對面還有一片公園綠地，這種鬧中取靜的優閒氣氛就是他們想要的。

▶ Summer 和 Alex 姊弟倆各司其職，聯手打造夢想中的餐廳。

▲半開放式的廚房首要注意的就是油煙排放的問題。

▌學習中求進步

姊弟倆當時準備了 150 萬元的開店資金，留下 50 萬元作為預備金，其餘的 100 萬元用來進行裝潢、添購餐桌椅、餐具、廚房設備和食材。由於店面裝潢是一間新店吸引顧客上門的重要因素，一般來說都會花掉不少費用，還好因為餐廳建築本身還滿新的，不用過多裝修，加上餐廳的動線規畫和裝潢通通自己包辦，沒有花掉太多預算。

相較於餐廳的簡潔裝修，廚房的部分就花了比較多的心力。廚房空間小巧，只能容納 2 至 3 人，因此在規畫設備放置時要更加仔細；加上 Alex 不喜歡密閉空間，於是設計了一個半開放式的廚房，這樣他做菜的時候可以看看窗外的綠地，客人也能看到廚房內的烹調過程和使用的食材，吃起來會比較安心。

因為是第一次開餐廳，很多事情都是邊做邊改，開放式廚房固然美觀，卻會產生油煙排放不良的問題；雖然開幕至今不到 1 年，但他們為了解決油煙問題，廚房排煙改良工程就做了 2、3 次。修改的還不只廚房排煙，Summer 說，想要增加桌數，又不能讓客人覺得擁擠，因此餐桌的擺放位置也改了很多次，就連餐具也換過，真的是不斷的學習、不斷的改善。

▋ 堅持做出自我特色的餐點

夢想中的餐廳終於順利開張，但想在板橋江子翠這個早午餐一級戰區站穩腳步，可不是一件容易的事！因此店名雖然是 Brunch，但除了早午餐外，還提供義大利麵、燉飯和甜點，Alex 也堅持餐點一定要有自己的特色，這裡的義大利麵和燉飯比較偏向義大利口味，味道鹹香濃郁、用料新鮮，所有的醬料都由他親自準備。

在義大利餐廳工作的經歷，不但讓他訓練出烹調義式料理的好廚藝，懂得如何挑選新鮮食材，更學習到對於料理的堅持：絕對不會為了貪圖方便就使用罐頭或加工食品。他說，「自己製作所有的醬汁和配料，雖然要花很多準備時間，卻能給客人更好吃、更營養又健康的料理。」

閒暇時他也不斷參考書籍和中外大廚的食譜，同時運用自身的食材搭配經驗，激發創意，使用優質的橄欖油、義大利麵，善用當季新鮮食材，店內一道道的美味料理都是 Alex 親自研發。有趣的是櫃台前擺放許多新鮮蔬果，讓不少客人以為有在販售，他笑著說，「沒有啦，只是把材料放外面，要用再來拿，這樣客人看得到我們用的都是新鮮的食材。」

▲「翻桌吧」選用當季的盛產蔬果入菜，餐點營養又美味。

▊ 用義大利風味一決勝負

不使用珍貴稀少或是進口的食材，而是選用當季盛產蔬果，一方面是因為比較新鮮有營養，一方面是成本考量。店內每道菜都是以食材成本加上 10% 的水電和人事成本，再予以合理的盈利計算出價格，此外「翻桌吧」走平價路線，所以訂價也不能太高。

雖然走平價路線，但義大利風味式的用料和味道卻一點都不馬虎，因此常有顧客反應，醬汁太鹹、麵條和米粒過硬。Alex 後來調整了麵條軟硬度，但在味道方面仍然堅持原味，同時向顧客說明，因為使用奶味較為濃郁的起司，鹹味會較明顯。這樣的堅持，也讓他們的義大利麵擁有不同於其他餐廳的特色，還有客人吃了之後稱讚道和記憶裡在國外吃到的味道很像！

除了菜單上的固定餐點外，也有不定時推出的限量新菜色，讓客人每次上門都有不同的驚喜。不僅如此，週二至週四僅營業至下午5點的「翻桌吧」更推出晚宴服務，目前每日皆可預約包場，不論慶生、聚餐、尾牙，都能夠特別依照預算擬定菜單，提供正統義大利料理。之前就曾經有父母在這裡為小女兒舉辦生日party，Alex特別為小女孩準備了包含羅馬尼亞肉餅、義式千層烤茄子、野菇油炒義大利麵、義大利嬤嬤的草莓蛋糕等8道美味的義大利料理，讓參加party的小壽星和親友都吃得很開心。餐廳每半年也會固定舉辦一次資助偏鄉孩童的「營養堡寶資助計畫」，以自身的廚藝特長做菜給孩子吃，將愛與關懷回饋給社會。

◀餐廳熱門餐點─培根蛋黃醬義大利麵

▼「翻桌吧」雖走平價路線，但餐點用料實在，口味好吃道地。

▍好吃到想翻桌的美味

想要吸引新客上門、熟客回籠，不僅要有用心烹調的美味料理，還要有親切自然的服務。目前店內有 5 名全職加上 2 名兼職員工，所有的員工都受過職前訓練，除了基本的清潔和服務禮儀，還要了解餐點和食材特色。Summer 希望營造出社區廚房的氛圍，以不做作的態度給予顧客親切的服務，不但會記得熟客的口味，面對客人的建議或抱怨時，也會仔細傾聽、細心安撫，讓客人有受尊重的感覺。

顧客的意見有時也是讓餐廳進步的動力，為了要了解客人口味，讓工作人員磨合，開幕前曾進行一週試賣，當時顧客不但體諒餐點和服務上出現的問題，更給予許多實用的建議，如出餐速度、服務態度、餐桌位置擺放，多虧了客人的意見回饋，很多問題在正式開幕前得以改善，例如出餐速度，在廚房人員熟悉烹調流程後，義大利麵只要 6 分鐘就能出菜。

美味的餐點和親切的服務，吸引愈來愈多顧客上門，有網友笑稱他們家的東西真是好吃到想「翻桌」！Summer 說，雖然店名是聽到英國歌手 Adele 的《Turning Table》，加上 Turning 又有轉機的意思，很符合他們開店時的心境，才取名為「翻桌吧 Turning Table BRUNCH」；不過聽到客人這麼說，感到既有趣又開心，希望端出更用心烹調的美味，讓客人繼續上門「翻桌吧」！

翻桌吧 Turning Table BRUNCH
地址：新北市板橋區文化路二段 225 巷 9 號
電話：（02）2254-1798
FB 粉絲專頁：www.facebook.com/turningB
營業時間：週二至週四 08：00–17：00
　　　　　週五至週日 08：00–15：00 / 17：00–20：00
公休日：週一

▲整潔明亮且舒適的用餐空間，也是顧客一再造訪餐廳的原因之一。

▲白酒蛤蠣義大利麵

▲工作人員以親切的態度面對顧客

義磚義瓦

紅磚牆加上微黃溫暖的燈光，打造出自然舒適的鄉村風格，門口還有一隻可愛的大熊懶洋洋的坐在等候區，走進位在台北捷運板橋站附近的義大利麵店「義磚義瓦」，除了滿室溫馨的布置，最引人注目的，就是半開放式廚房中那個看起來相當專業的巨大磚窯。

▲非科班出身的主廚李俊毅因對餐飲產生興趣，進而轉向餐飲業；店內的披薩
也是高人氣餐點！

研發主廚李俊毅站在烤窯前面，揉捏拍打餅皮、放上佐料，再將披薩放進磚窯中，3 分鐘就輕鬆做出一個香噴噴的披薩；接著移動到瓦斯爐前，帥氣甩鍋，一盤香氣四溢的義大利麵就完成了。看他俐落簡潔的身手，烹調美食好像一件簡單容易的小事情，想必又是一位科班出身的主廚吧？他笑著回答：「我大學念的是工學院紡織工程學，專長是高分子化學，完全沒學過烹飪耶！」

這位擁有工科背景的主廚，雖然相當熱愛所學，但因畢業後無意往相關產業發展，加上大學時曾在餐廳打工 2 年多，對餐飲產生興趣，於是退伍後決定和幾個志同道合的朋友合資加盟連鎖餐廳。由於年輕人資金不多，為了集資，當初共找了 10 多個朋友湊到創業經費，其中有 8、9 人仍在餐廳工作，且餐廳屬於股東制，很多事情都是下班之後股東開會一起討論決定的，現在仍是如此。

雖然有進軍餐飲業的雄心和資金，但是大家都沒有做生意的經驗，一開始其實是加盟輕食餐飲品牌；「義磚義瓦」的第一間店共花費了 500 萬元，其中 150 萬元是週轉金，350 萬元用來採購廚房設備、裝潢、店租金。李俊毅回想起創業之初，當時礙於經費問題，加上大家也沒什麼經驗，裝潢超級簡單，店裡面的裝飾品都是後來一點一點慢慢增加的。

聚集眾人熱情和資金的餐廳，籌備 4 個多月後，在 2007 年 10 月開幕了，地點位在台北東區明曜百貨後方第二條巷子。為什麼會選擇在巷弄中開店，李俊毅解釋，他們希望在人潮眾多的鬧區，選擇明曜商圈，是因為這裡是一個發展成熟、人潮川流的地方，但也因此店面租金相當昂貴，所以他們才會選在大馬路後方的巷弄中開店。

搞創意前先了解傳統

開店後不久，問題漸漸出現，和加盟總部的經營理念不合，加上不斷虧本，為想讓淨利回歸，股東們決定中止加盟，調整菜單，打造出一間有特色的餐廳。李俊毅說：「剛開始我們也是邊做邊摸索，調整菜單看看顧客反應，一段時間之後才變成賣義大利麵的餐廳。」轉型賣義大利麵，剛開始還滿順利的，但時間一久，他就遇到瓶頸：研發不出令人驚艷的新菜色。

由於缺乏烹飪專業背景，基本功和知識不足，創業只憑著一股熱忱和興趣，還好他獲得贊助，得到出國進修的機會，學習到豐富的知識和經驗，更透過接觸各國廚師，激發烹飪創意。

▲嫩煎干貝鮮蝦羅勒細扁麵（左圖）、慢燉牛頰水管麵（右圖）

▲爐具集中在廚房中間，使廚師圍成一圈工作可互相支援；遠從義大利進口的披薩窯烤爐也花了
　不少心思設計。（左下圖）

身為研發主廚，要如何不斷推出令人垂涎三尺的美味新料理？他說，師傅曾告
訴他，「搞創意前要先了解傳統」，要在台灣做出美味的義大利麵和披薩，就
要了解義大利和台灣文化；他們的餐點以義大利料理為本，加入台灣料理元素，
舉例來說，烹調義大利麵或燉飯時，基礎食材如麵、橄欖油等，會使用進口食
材，讓料理能忠實呈現出義大利風味，再添加如青蚵、鱸魚等新鮮的台灣食材，
讓義大利和台灣風味完美交融。

堅持做出最道地的披薩

轉型為義大利麵店的「義磚義瓦 WaPasta」，餐點口味和氣氛受到顧客喜愛，這幾年間穩紮穩打，緩步擴展版圖，2007 年開幕至今，共有以義大利麵為主的「義磚義瓦 WaPasta」明曜店、板橋店，以披薩為主的「瓦披薩 WaPizza」等 3 店。多年來以台北市東區為據點，2014 年看中新北市的發展和人口增長，將版圖拓展到新北市，在捷運板橋站附近展店。

開設板橋店共花費 650 萬元，其中 150 萬元是週轉金，500 萬元用來購買廚房設備、裝潢、店租等支出，本來預算沒有這麼高，因為板橋店要用來當作中央廚房，支援北市 2 家店，不僅增加了倉儲冷藏設備，也為了要忠實呈現拿坡里披薩風味，特別打造烤披薩用的磚窯，因此又追加 120 萬元。投入的成本，每月撥出 5% 的總營業額進行攤提，保守預估可在 5 年內完成。

在硬體中花費最多經費的廚房，也是花最多心思設計的地方。為了做出道地的拿坡里披薩，不惜購買遠從義大利進口的披薩窯烤爐，因為李俊毅堅持，「東西不對就做不出真正的拿坡里披薩！」除了磚窯外，爐具位置也由以前的靠牆排排站，改成集中在廚房中間，讓廚師圍成一圈工作，能夠互相支援幫助。

不僅如此，為兼顧防滑和清潔，廚房地磚也特別挑選，每次店面裝潢都換更好的地磚，他笑說，板橋店雖然預算大超支，但廚房弄得很好，非常接近他理想中的完美廚房。第一間店裝潢的時候，沒經驗的夥伴們什麼都不懂；然而，不斷學習成長的他們，到 2015 年裝潢板橋店時，已經可以自己使用電腦軟體，構思空間規畫和設備配置。

▌像家一般親近的溫暖料理

坐在舒適的店內，翻開設計精美的菜單，每道料理都讓人看得口水直流，不知該點哪一道，還好有訓練有素的服務人員幫忙。義磚義瓦的所有工作人員都經過仔細地培訓，新人時期是蜜月期，工作比較單純，只要收送餐、整理桌面、背菜單；之後要學習關於餐點、食材、服務等愈來愈多的東西，接著還會進行考試，每通過一次考試，就能夠調薪。

為了收集顧客意見，餐廳開業前曾進行 1～2 週試賣，以調整餐點口味和服務；如果顧客有負面的意見時，會請主管上前了解，視情況更換餐點或給予折扣，顧客的意見也會在會議中提出討論並改進。對於現今競爭更加白熱化的餐飲市場來說，留住熟客固然重要，但更重要的是開發新客源，除了經營 Facebook 粉絲專頁、餐廳網站外，還會以其他行銷方式如配合節日辦活動、媒體採訪，盡可能增加曝光度。不過，前陣子相當流行的團購餐券他們就沒有參加，李俊毅說，「義磚義瓦」是間價錢公道、口味道地的餐廳，使用的都是優質、新鮮

▲「義磚義瓦」是個分享美食和心情的場所，帶給人像家一樣親近溫暖的感覺。

的好食材，若參加團購券活動，在價格壓低、顧客增多的情況下，勢必無法維持品質，因此寧可捨棄這種行銷方式，也要維持住品質和口碑。

剛起步時的「義磚義瓦」只是一間平價、好吃、感覺可愛的餐廳，但在李俊毅和夥伴們的用心經營下，餐廳不斷地成長茁壯，不僅僅是一間價錢合宜、口味道地、東西好吃的餐廳，更是一個分享美食，分享心情的場所，就像餐廳官網上說的，「沒有遙不可及的風格和料理，只想給您像家一樣的親近，和一道溫暖人心的料理。」

義磚義瓦（板橋店）
地址：新北市板橋區民族路 33 號
電話：（02）2961-0550
官網：www.wapasta.com
FB 粉絲專頁：www.facebook.com/Wapasta
營業時間：週一至週五 11：30 ～ 15：30/17：30 ～ 22：00
　　　　　週六、日 11：30 ～ 16：30/17：30 ～ 22：00

03

好食 · 慢慢

現代人生活步調快，工作壓力大，吃東西速度愈來愈快，隨便咬兩下就吞到肚子裡；這樣的飲食習慣，不僅傷害健康，也無法好好品嘗食物的味道，浪費了好食材，也辜負了廚師認真烹調的心意。緩一緩生活步調，留心周圍的美好事物，品嘗美食更應該如此，位在台中太原路綠園道旁的「好食 · 慢慢」，提供的餐點都是使用好食材精心烹調，希望客人慢慢品味。

「好食 · 慢慢」點出簡儀松和蕭佩宜夫妻兩人對於餐廳的想法和堅持：只拿好食材做成的美味「好食」給客人。店內不使用半成品，食材親自處理、醃製，基本的醬汁也都自己做，就連櫃檯上甜蜜誘人的限量甜點也不假他人之手；不僅如此，每天早上還到市場挑選新鮮的海鮮、當季蔬果，像店內的招牌沙拉，內容就會依當天購買食材不同而有所改變，但一定會有 10 種以上的豐富蔬果。

使用好食材加上好手藝，才能端出令人吮指的好食。對主廚簡儀松來說，做菜以好吃為前提，不能有僵化的固定思維，他用曾在飯店工作的扎實經驗作為基礎，並多吃、多看尋找靈感，在不改變西餐的本質下，使用在地食材，考量客人的口味，才能創作出許多讓人垂涎三尺的佳肴。為了融入在地食材，他將碎大蒜用橄欖油低溫油炸，讓油中融入蒜香；考量客人口味，他不用進口義大利米，選用口感好的台梗九號米，不僅維持好味道，客人也吃得慣；但仍使用優質進口義大利麵，堅持麵要煮得 Q 彈，才不會白費好食材。

這間希望客人慢慢地用心品嘗美食的餐廳，由夫妻倆一手打造，兩人是高雄餐旅大學的同學，畢業後曾在北部飯店任職，直到孩子出生，除了想要多點時間陪伴小孩，也想要趁年輕一圓開店的夢想，於是放棄飯店工作，選擇回到台中開店創業。因為是青年創業，準備資金有限，所以找的都是連設備裝潢一起頂讓的店面，他們看了 10 家以後，終於在太原路上找到理想的位址。

▌夫妻合力打造夢想中的餐廳

店面的前身是一間咖啡廳,原有的裝潢狀況都不錯,加上位置好,緊鄰著綠園
道的綠蔭,附近停車也很方便,賣方開價 70 萬元,討價還價後以 50 萬元成交。
夫妻兩人準備了 200 萬的創業資金,扣除 50 萬元的準備金,以及 50 萬元的
花費頂下店面,剩下的 100 萬元大部分用來購買廚房設備,少部分用於店面的
裝修。

由於夫妻倆學的分別是西廚烘焙和管理,開店前就規畫好由先生簡儀松當主
廚,太太蕭佩宜負責外場,餐點部分會賣義大利麵、燉飯和主餐,以及少量甜
點,所以原本咖啡店的廚房設備就不敷使用,必須進行大幅度調整;但因為不
確定開店後的營運狀況,不僅只和房東簽了 1 年約,連烤箱、冰箱、火爐等廚

房設備都是買二手，或是比較陽春、便宜的，也沒有裝空調，讓主廚有很長一段時間，每天都在不到 3 坪的小廚房內刻苦地工作。

直到 2014 年 3 月，餐廳營運狀況日漸穩定，才開始進行廚房改建，除了汰換設備外還裝了空調，也將出餐動線由 2 條增加為 3 條，原本釘到快頂到天花板的置物層架也重新調整，避免因為負重過大，讓東西掉下來打傷員工。

▼黑板上的可愛繪圖和有趣字句令人會心一笑。

▍讓客人慢慢用心品嘗的好食

為了讓每分錢都用得有價值，外場空間多沿用之前咖啡廳的裝潢，不過蕭佩宜仍做了很多小布置，讓整體空間看起來活潑又帶著一種讓人放鬆的感覺。店內有一片黑板牆，上面會不定期更換內容，有時是主廚介紹，有時是好食材解說，有時是新菜色推薦，五顏六色的字體加上可愛繪畫，相當引人注目。餐廳內還有諸多有趣的設計，如木製的復古電話、在木牆上的造型空格中種著綠草、腳踏車造型吊燈等，這些都是她從韓國咖啡店學到的，布置來讓客人拍照，或上傳 Facebook 打卡。

店內的裝潢活潑輕鬆，一開始設定的目標對象是上班族、年輕人，但因為堅持使用新鮮好品質的食材，食材成本超過營業額的 4 成，比一般餐廳的 3 成還多，所以訂價也比較高，無法吸引這些族群上門。幸運的是綠園道附近環境很好，也有很多經濟能力不錯的住戶，不少人上門用餐過後一吃成主顧，既喜歡餐點的口味，也滿意貼心的服務，更認同他們「只用好食材，請客人慢慢品嘗」的想法，把餐廳當成家裡的第 2 個廚房，三不五時就來用餐；這樣的客人還不少，現在餐廳熟客和新客的比例各半，許多新客還是熟客帶來的，靠著這樣的口耳相傳，餐廳沒有做行銷廣告，營業額卻也不斷增加，開業 1 年就已經回本。

也因為客人的支持，讓「好食 · 慢慢」能不斷成長，夫妻兩人對此相當感謝，只能端上更好吃的餐點，提供更貼心的服務來回報。曾在五星級飯店服務過 VIP 客人的蕭佩宜，對於服務相當有一套，她挑選的外場服務人員都是愛吃、懂吃、聰明伶俐、反應快的人，不但要了解餐點和食材，還具有良好的銷售技巧，更厲害的是，他們有一本小冊子，上面記錄著熟客長相和喜好；而廚房內場看到單子上標註的熟客記號，便會進行口味調整，偶爾還會多放 2 顆蛤蠣當作熟客 service，也因為這樣的貼心小舉動，有時熟客吃出來餐點不是主廚做的，就會開玩笑說，今天的餐點少一味，少了主廚的人情味喔！

▶「好食 · 慢慢」每個週末有提供 3 款早午餐，週週餐點內容都不同。

▲「很多海鮮番茄義大利麵」不只菜名特別，滋味也不同凡響。（左圖）
▲「蒜片辣椒佐翼板牛排」是菜單上找不到的隱藏版好味道。（右圖）

堅持使用好食材，每樣餐點皆為自製且不使用半成品，每個週末更加碼推出早午餐，每週 3 款餐點，週週內容都不同，雖然這樣會增加很多工作量，讓主廚常常待在廚房加班，但看到客人細細品嘗、滿意微笑，他們就願意繼續堅持下去，讓更多的人都能慢慢地，品嘗他們用心製作的美味好食。

好食 · 慢慢
地址：台中市北區東漢街 11 號
電話：（04）2237-2009
FB 粉絲專頁：www.facebook.com/goodfood2slow
營業時間：週二至週五 11：30 ～ 21：00
　　　　　週六、日 09：00 ～ 21：00
公休日：週一

04

nani 和風洋食

幾年前提到嘉義美食，想到的大多是歷史悠久的在地美味，但近年出現愈來愈
多令人驚豔不已的餐廳，讓人對嘉義美食開始有了不一樣的認識。例如位在維
新路上，吸引不少新人到餐廳門前拍攝婚紗的「nani 和風洋食」，外表簡約又
深具設計感，一看就覺得與眾不同。

▶將餐廳的品牌概念融入在形象、裝潢設計內，清楚地呈現品牌定位。

這是黃佳祥（Steve）、黃佳瑋（Homer）兄弟的第 2 間餐廳，從事餐飲業的哥哥和學餐旅的弟弟，因為喜歡義大利人的生活方式，喜歡他用好材料，吃食物原味的料理精神，加上台灣人對義大利麵的接受度很高，於是他們先花了半年準備時間，開設第一間餐廳「左岸 · 風尚義式料理」，雖然只有簡單裝潢，但因第一次開店經驗不足，很多設備、器材購買前沒有先比價，導致開店成本高達 200 萬元；好在餐廳的用料實在、口味道地，每天生意都很不錯，營業額也不斷攀升，於是兄弟兩人開始考慮開新店，擴展餐飲版圖。

第 2 間店雖然也賣義大利麵和燉飯，卻有著非常大的不同，在開店前他們上了 4 個月的品牌行銷課程，學習到如何將品牌概念融入餐廳，所以在籌備餐廳時他們就請了品牌形象設計公司協助，從店名、招牌設計、空間裝潢，到餐點、餐具、價格都進行統一設計。因為日本和義大利料理是台灣人接受度最高的異國料理，經過多次前往出國考察後，決定推出帶有日式風味的義大利麵，就是日本常見的「和風洋食」；會將店名取為「nani 和風洋食」，是因為日本人驚訝的時候會說 nani，他們期待客人看到餐點上桌時，會感到驚喜，也能夠很驚訝地說 nani ！

本來他們想在市中心尋找空間大一點的 1 樓店面，但租金高，加上一直找不到適合的，幾經尋覓，最後選擇了鄰近嘉義大學校區，社區發展成熟且住戶較多的維新路店面。餐廳共有 2 層樓，鄰街的牆面全都是落地窗，與木質大門和淡藍色招牌相映，內部也大量採用白牆搭配木質裝潢，就連桌椅和餐具皆是木製的；滿滿陽光灑進室內，空間明亮寬敞，整體感覺相當輕鬆活潑。

◀廁所乾淨舒適，從細節即可看出餐廳的用心。

▋以顧客的喜好舒適度為優先

餐廳主要客群為 18 至 30 歲的女性，加上餐點主打和風洋食，所以在裝潢風格上，選用女生喜歡的，帶有一點文青氣息的輕和風。為了提供顧客舒適的用餐環境，桌距拉得比較寬，1、2 樓近 60 坪的空間可容納 50 位客人，就算客滿也不會有擁擠忙亂的感覺，普遍女生在意的廁所也盡量設計得寬敞舒適。將大部分空間留給顧客，廚房僅剩不到 4 坪的空間，還要容納 3 位工作人員，所以像冰箱、火爐等設備都特地挑選小尺寸，才不會影響動線，還要往上釘層架有效利用空間。

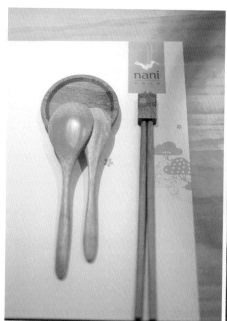

▲木製餐具帶給人溫潤的質感。

▲店長黃佳瑋對餐廳的食材用料和口味下了不少苦心。

不僅依照目標客群喜愛打造用餐空間，就連餐點也以女性的喜好設計，菜單中一半是和風洋食，一半是經典義大利料理，以套餐為主，有歐式麵包、沙拉、湯、季節小點、主菜、飲料、甜點，價位設定在 300～350 元間。這樣令人眼睛為之一亮的餐廳，大概花了 450 萬元進行空間裝潢和設備採購；以店內 50 個座位，平日大約坐滿一半，假日可以翻一次桌計算來客數，再以來客數乘上平均單價，計算出約略的月營業額，預估可以在 2、3 年內回本。

這對兄弟每年都會前往日本、義大利考察，吸收新知並融合在地口味，希望讓客人看到餐點時會有驚喜的感覺，例如之前推出過大阪燒 Pizza，就是會讓客人覺得新鮮、不一樣的料理；由於中南部口味偏甜，可能會覺得傳統義大利料理的奶味和香料味過重，他們也稍作調整，減少了起司和香料分量，較能迎合顧客口味。

味道可以調整，但義大利麵和燉飯的口感兩人可是相當堅持。使用進口的義大利麵、米、橄欖油和番茄，除了維持餐點的好品質外，也想要呈現麵條和米飯的 Q 彈口感，所以無法依照客人需求調整麵條或燉飯軟硬度；此外，廚房烹調餐點有 SOP，所有工作人員都按照標準化流程進行，確保餐點品質，倘若顧客要求麵條軟一點或硬一點，工作人員便會難以判斷軟或硬的標準而無所適從。

▲▼整體性的設計裝潢，兼具空間舒適度與品牌形象。

▲奶油明太子鮮蝦義大利麵

▌令人滿懷期待的驚喜美味

對於這間餐廳，兄弟兩人投入相當大的心力，不僅使用好食材做出好餐點，對於打造品牌形象也相當用心，並找來設計公司協助規畫名片、招牌、裝潢等硬體，還要讓「nani 和風洋食」在顧客心中是一個成熟、完美的品牌，因此開幕前不做試賣，但找了很多親戚朋友來試吃，填寫意見表，還模擬假日滿座時的狀況，訓練內、外場的應變能力，因此餐廳開幕後，所有顧客享受的都是高品質的餐點和服務。

開幕至今快 2 年，在顧客呷好逗相報的口耳相傳下，餐廳在嘉義的名氣愈來愈響亮；而穩定的好品質、細緻周到的服務，加上明亮寬闊的空間，吸引客人不斷光顧，至今熟客約占 6 成；雖然沒有顧客意見表，但結帳時都會主動

▲起司奶油嫩雞燉飯
◀訓練有素的員工是為餐廳加分的關鍵之一。

詢問意見，也推出集點卡和 VIP 卡，在節日舉辦活動時以簡訊通知；並透過 Facebook 粉絲專頁和顧客互動，若發現顧客對於餐點或服務有意見時也會立即回覆。

總想著給顧客不一樣的美味，黃佳祥、黃佳瑋兄弟不斷尋找靈感，推出一道道讓人看了驚喜，吃了會驚艷的餐點，結合周到的服務和完整的品牌形象，讓每位顧客推開木質大門時總是滿心期待，今天又有什麼樣的好滋味上桌，能讓人驚呼 nani ！

nani 和風洋食
地址：嘉義市東區維新路 133 號
電話：（05）276-3333
FB 粉絲專頁：www.facebook.com/nani.cooking
營業時間：11：00 ～ 21：00
公休日：未定

The F 勇氣廚房

有這樣一個地方，氣氛舒適放鬆，有人親切寒暄問候，餐點好看又好吃，還使用有機食材，吃得安心又健康，價錢也不貴，讓人想不斷光顧，感覺像在自家廚房，吃著義大利麵卻有著家常味的高雄「The F 勇氣廚房」。

▶李建達和吳德俊
兩人聯手處理店
內的大小事。（右
圖提供：吳德俊）

做出有家常味義大利麵的主廚李建達，就讀高雄餐旅大學時念的是中餐，曾在上海連鎖品牌餐廳任職，後來回台任教，但心中一直有著創業的想法，於是就在 2013 年和大學同校的吳德俊一起踏上青年創業之路。有趣的是，專攻中餐的兩人，卻開了一家平價義大利麵店，原來他們認為，雖然自己擅長中餐，但開中餐廳在市場上未必有優勢，加上是青年創業，希望投入的開店資金能盡快回本，所以選擇低單價、市場接受度較高的義大利麵。

為了能有好成績，達到盡快回本的願望，開店前兩人做了相當多的調查，最終選定在新興區愛河邊的靜巷開設餐廳。原以為這邊人口多，生意應該會不錯，沒想到客人少得可憐。幾經研究後發現，原來這邊的學生、上班族不多，用餐人口少，愛河雖然是觀光景點，但跟團遊客不會在這一帶用餐，只有一些自由行旅客會逗留。咬牙硬撐了幾個月，他們決心要轉型，走出自己的特色，既然學的是中餐，何不融入中餐元素，做出具有台灣味的義大利麵呢？

開業半年後，「The F 勇氣廚房」菜單全面更新，從辨識度不高的平價義大利麵店，轉型為融合台灣美味的義大利麵店。翻開菜單，每道餐點都充滿驚奇，有台灣味的烏魚子、辣小魚乾、爐肉、紅糟，和義大利麵完美結合，就連臭豆腐都有辦法放進義大利麵中，烹調出令人讚不絕口的美味。能夠不斷創造出美味的台義混血義大利麵，除了靠著李建達扎實的中餐基礎，大多數靈感其實來自於童年回憶，像爐肉、紅糟里肌都是小時候奶奶做的菜，他做的，就是家裡的味道。

▶「The F 勇氣廚房」以台灣在地食材結合義大利麵，烹調出令人感覺親切熟悉的好味道。

轉型搬家後重新開始

靠著這股源源不絕的創意和令人百吃不膩的家常味，餐廳生意漸漸有起色，有趣的是，他們先在國外自由行旅客圈中打響名號，上過國外旅遊書，然後才慢慢在網路上出現部落客食記和網友推薦，也因為建立起知名度，他們才敢將搬家的念頭付諸行動。

雖然愛河邊的舊店當初也投入相當多心血，花了 80 萬元進行籌備，除了 30 萬元的準備金外，裝潢花了 17 萬元，廚房設備 13 萬元，桌椅、餐具、房租等支出 20 萬元；但是舊店不僅有人潮不足的問題，連空間也太小，因此經過仔細的市場調查，決定搬遷到人潮流量大、上班族也多的巨蛋商圈。

坐落在巨蛋商圈的新店，從裝潢風格到空間規畫通通自己來，使用較多冷色系，搭配照片、手作小物裝飾，營造出舒適簡單、有質感的風格，加上店門口的大片落地玻璃窗引進自然光，置身其中讓人感到舒服又放鬆。環顧四周，發現牆上掛著多張表情生動，主角看起來相當樸實的人物照片，令人不免好奇照片中的人和餐廳有什麼關係呢？

▲一進門便可發現餐廳的牆上掛著不少人物照片。

▌支持小農的無毒有機蔬果

開店以來，李建達一直堅持所有的醬料都要親自熬製，肉類和海鮮也要親自挑選處理，選用高品質的進口義大利麵，除了對口味、品質的維護，也希望讓顧客吃得安心又健康；唯獨有機蔬果，是他不曾使用的食材，因為印象中的有機蔬果價格很高，連自己吃都覺得貴，根本不可能拿來賣。直到幾年前參加微風市集，才知道原來有這麼多默默努力，種植有機蔬果的小農，他們不灑農藥，種出來的當令蔬果雖然量不多，但都新鮮好吃又價格合宜。

▲「The F 勇氣廚房」與種植有機蔬果的小農合作，並獲選為高雄當地的綠色友善餐廳。

▲紅糟里肌義大利麵（左圖）、爌肉臭豆腐燉飯（右圖）

這些辛勤的農夫們遍布高雄各地，有些甚至遠在偏僻山區，靠著微風市集的媒合，「The F 勇氣廚房」開始和愈來愈多的小農合作，餐廳也大量使用在地、深具季節性的有機蔬果，既能讓顧客吃得營養，也能推廣有機健康飲食概念，更能藉由直接購買，支持有機農業經營，幫助小農避免被不肖盤商的價格剝削。這些認真種植著有機蔬果的小農，就是牆上照片中的主角；而這些生動有張力的照片，則是店內員工親自拍攝。不同於其他餐廳中的食材採購由主廚或專人負責，這裡的每一位員工，都要輪流前往產地採購新鮮食材；有時候還要兼任攝影師拍攝合作小農，為他們留下紀念。平日裡點菜、送餐、和客人寒暄，就連做海報、設計菜單、想行銷活動員工都能搞定；也因員工太過多才多藝，一人可身兼多職，所以就算每月要支出高達 50% 的人事成本，兩人也甘之如飴。

▌像家一樣的地方

餐廳的員工目前加上兼職共有 10 人，採用幹部決定制，表現優秀的員工有機會升遷為幹部，一起參與餐廳的行銷、營運等決策過程；而且員工休假沒有限制，因為制定了完善的內、外場 SOP，只要每日上班人數足夠，想要休節慶假日都沒問題。對待員工避免過多的規範限制，盡量以關心及溝通取代指責和命令，讓員工產生對餐廳的向心力，這就是店名「The F 勇氣廚房」中 F 代表的意義之一，對待員工如同家人（Family）。

F 代表的另外一個意義，就是對待顧客像朋友（Friend），當你走進店內時，會有人親切的跟你說「午安」；如果看到你的盤子有食物沒吃完，會有人雞婆的追問，是哪裡不合口味；吃飯的時候常有意外驚喜，夏天可能會因為你穿短褲送冰淇淋，冬天有可能因為今天是冬至請你吃湯圓。沒有常見的節日行銷活動，因為來這裡的不是顧客，而是朋友，李建達和吳德俊想的不是如何增加節日營收，而是如何讓朋友開心、感動。

這一家帶著濃濃台灣味的義大利麵餐廳，堅持使用新鮮、有機的在地食材，取名為「勇氣廚房」，就像媽媽在廚房為家人做飯一樣，以新鮮的材料，用心做出一道道佳肴，並藉由這些美食傳達幸福與勇氣，想要了解其中滋味，就用舌尖來品嘗感受吧！

The F 勇氣廚房
地址：高雄市左營區立信路 88 號
電話：（07）556-9426
FB 粉絲專頁：www.facebook.com/THEFCK
營業時間：11：30-14：30 /17：30-21：30
公休日：未定

06

好時 × 好食

開餐廳當老闆，不被朝九晚五的上班時間束縛，想要休假就休假，還可以認識很多人，和大家分享美食，這是多數人心中的夢想，身為竹科工程師的 Rakesh 和 Michael 也不例外。

愛上好山好水好優閒的台東，兩人一直想要去那裡開餐廳，放慢生活步調，但想了 3 年一直沒有行動；直到某天，Rakesh 騎車上班時目睹車禍，生死一瞬間讓他領悟，實現夢想的那一天，和生命結束的那一天，不知哪天會先來到，於是他當天就遞了辭呈，開始台東築夢旅程。

Rakesh 擁有敏銳的味覺，很愛到處尋找美食，吃到美味的餐點後，回家會自己試著做出來，愛吃又愛煮，喜歡西餐，特別是義大利麵和燉飯；Michael 也是個愛吃又愛煮的人，不過他的興趣在於西點烘焙，於是有共同興趣的兩人，決定開一間賣義大利麵和燉飯的小餐廳。兩人準備了 50 萬元的開店資金，其中 10 萬元是預備金，剩下 40 萬元用來裝潢店面、購買碗盤桌椅和廚房設備。

◀ Rakesh 和 Michael 因為愛上台東而選擇在當地開餐廳。

▲搬家後的店內空間寬敞許多，簡潔的裝潢設計風格看起來相當舒適。

「好時 X 好食」原本的店面位在舊鐵道步廊旁的台東劇團樓下，空間小，只能容納 10 多位客人，因為沒做招牌使餐廳不易被發現。為了節省經費，他們自己粉刷牆壁，在牆上隨意畫畫作裝飾，再放上一個大書櫃；廚房設備相當簡單，火爐還是從新竹帶來的簡易瓦斯爐；小小的餐廳也不用請人幫忙，兩人一個負責內場，一人照顧外場。由於沒有宣傳廣告，餐廳剛開始的時候客人不多，而且他們堅持不用半成品和現成醬汁，餐點通通現點現做，價格稍高，在台東來說算中高價位，所以前幾個月做得滿辛苦。

雖然剛起步時生意不是很好，但他們還是努力堅持，好在酒香不怕巷子深，好東西總會有人欣賞，經過客人的口耳相傳，生意愈來愈好，小小的店面開始有點不敷使用，加上租約到期，於是他們搬到東海國小旁一間 2 層樓的房子。這裡離市區有一段距離，平日車流量不大，環境幽靜，再加上附近有醫院，而「好時 X 好食」的客層多是老師、政府公務員、醫生，熟客較多，不需要開在遊客多的鬧區，因此選擇這個環境不錯又好停車的地方。

◀「好時╳好食」的環境幽靜，離鬧區有段距離，因此附近也較好停車。

▍搬家後重新開始

兩人花了更多的心思整理這間店面,裝修加上器材等費用便花費將近 200 萬元;不僅把大門的方向改到長沙街上,所有的管線通通重拉,也打掉不必要的牆和原有通往 2 樓的階梯,裝了一片大玻璃將陽光引進室內。裝潢採用簡潔的 Loft 風格,水泥色的牆壁,搭配原木餐桌,長方形的開放空間看起來相當舒適。店內有一半的空間是廚房,開放式廚房完全沒有隔間,只靠玻璃冷藏櫃和吧檯區相隔出內、外場,所以特別將爐具放在離用餐區較遠的牆邊,一方面不讓熱源影響空調,一方面也比較好排煙。

廚房空間變大,設備更加完善,讓愛吃又愛下廚的兩人更能大顯身手。之前在舊店時,因為空間小、廚房設備簡單,端出來的餐點種類較少,搬家後除了原

▲加入米、洛神花等在地食材做成的自製麵包和甜點，口感新鮮有嚼勁，很受客人喜愛。

有的義大利麵、燉飯外，還有在舊店時就開始販售的麵包，加入米、洛神花等台東在地食材，做成新鮮有嚼勁的麵包和甜點。本來麵包只是做來當作附餐，沒想到客人吃了都說好，建議他們多做一點來賣；抱持著試試看的心情多做一點販售，沒想到反應熱烈，自製麵包和甜點變成店裡的熱賣商品。

每天供應的麵包、甜點都不一樣，令人天天充滿期待；不只麵包富有變化，「好時X好食」的菜單也相當多變，因為兩位愛吃的老闆常常四處取經，吃到好東西就忍不住想跟大家分享；像之前吃過黃芥末鴨胸義大利麵覺得很棒，就上網找靈感，試做成義大利麵；有一陣子又把晚餐的燉飯換成西班牙鐵鍋飯。所以店裡面沒有印得漂漂亮亮的菜單，只有一張簡單的點餐單，方便老闆隨時更換新菜色。

▌用好食材做好料理

可以品嘗新料理，客人當然很開心，但對於兩位老闆來說，推出新料理前要克服的問題可不少，最重要的就是找到供應商。對食材很挑剔的兩人，在台東賣西餐，要找到合適的供應商有點難，因為東部的西餐廳不如西部多，許多食材和設備都不太好找。有些西餐常用的蔬菜如蘿蔓、櫛瓜，就要找很多菜商才買得到；義大利麵剛開始用的是大賣場的商品，雖然口感不錯，但煮出來沒有香味，於是他們又找了進口商的優質義大利麵、橄欖油替換；就連西班牙鐵鍋之類的餐具，也要自己找廠商。

只用好食材做好東西，客人吃的所有餐點通通自己做，就連咖啡都買豆子自己炒，所以每天早上 7 點半就要到市場採購，一直忙到晚上 10 點才能休息；雖然目前兩人各有一位助手幫忙，但要做的事情還是很多，工作時間和工作量比起當工程師簡直有過之而無不及。Rakesh 和 Michael 卻相當樂在其中，因為做的是自己喜歡的事情，心情放鬆沒有壓力，想要旅遊、找靈感就把店門一關出門去，每天都做得很開心。

▲黃芥末鴨胸義大利麵

「好時 X 好食」開業至今已經 5 年了，在兩人用心經營下慢慢穩定茁壯，然而對他們來說，這間餐廳不是夢想的終點，而是起點，因為他們即將要開一家新店，1 樓經營書店、餐廳、咖啡店和烘焙教室，2 樓用來做民宿，和更多的人分享他們對於好食材、好食物的想法，也能在這裡，享受好食帶來的好時光。

好時 X 好食
地址：台東縣台東市正氣北路 215 巷 35 弄 15 號
電話：（089）340-796
FB 粉絲專頁：www.facebook.com/HoouseRestaurant
營業時間：週三至週五 11：00 ～ 22：00
　　　　　週六、日 09：00 ～ 22：00
公休日：週一、二

Chapter 6
義大利麵的
SOP 與食譜

6

Chapter

美味料理，
從餐點 SOP 到食譜實作！

最後的篇章除了介紹義大利麵與各式醬汁的種類及特色，也有餐點製作的標準作業程序 SOP 方法示範與優缺點分析，以及醬汁和義大利麵的食譜可以實際演練操作，也可以當作開店時設計菜單的參考依據，一步步實現你的開店夢想！

▌ 美味之旅 · 義大利麵的挑選

義大利麵的形狀分成上百種，但是 90% 的銷售量會以「直麵」（Spaghetti）為主，因為直麵適合搭配醬汁的選擇性最多，也最容易取得。尤其餐廳如果是以「預煮麵條」的方式出餐，只有提供一種麵型會較方便準備；但是訴求專業的義大利麵餐廳，會供應義大利地方菜系，使用較多變化的義大利麵形狀，可以增加菜色的變化性。在此，我們特別介紹幾款特殊造型的義大利麵，幫助各位在設計菜單時參考。

▍利古里亞 Liguria ─ 細扁麵（Lingiune）

在這狹長且土地貧瘠的多山海岸上，農業種植以一座座石牆圍出的梯田為主。當地熱內亞擁有北義大利主要港口，也是古代鹽及橄欖油通往其他歐陸國家的必經道路。利古里亞生產的初榨橄欖油，是專業品油師一致公認最好的義大利橄欖油，結合當地盛產的羅勒，孕育出世界知名的熱內亞青醬。義大利麵由拿坡里流傳到義大利北部主要港口熱內亞，而義大利直麵也開始發展出扁平的麵型，成為世界上除了直麵以外，最為有名的細扁麵。細扁麵一般適合與各式醬汁烹煮，可以搭配蔬菜與海鮮食材，充分展現地中海料理的特殊風味。

▍造型
細扁麵呈現最原始的造型，使用 100% 硬質杜蘭小麥原料，扁平而略帶曲線的麵條形狀，增加沾附醬汁的能力，也保留該有的天生完美嚼勁；適合各種醬汁，就算是清爽的調味，也可以品嘗出義大利麵的美味。

▍如何烹飪
最適合搭配的醬汁是羅勒青醬，尤其是使用來自熱內亞的特級初榨橄欖油、新鮮羅勒、松子及羊奶起司製作而成，散發著濃郁的羅勒香氣，亦是經典地中海料理的代表。如果你喜歡品嘗海鮮，可以烹調海鮮番茄紅醬的口味，隨意加入大蒜、辣椒或胡椒等香料調味，輕鬆煮出美味的義大利麵。

▌波隆那 Bologna —千層麵（Lasagne）

波隆那擁有全世界最古老的大學—波隆那大學，波隆那經常被列為義大利生活
品質最高的城市之一。當地的畜牧業發達，有許多美味的肉類料理，我們從小
記憶中的肉醬義大利麵，也是來自這個地方。

▌造型
千層麵皮是以麵團擀出長方形的麵皮，每個麵皮形狀相同，方便包含住醬汁。
只要以烤箱烤 20 分鐘即可上桌。

▌如何烹飪
建議可以嘗試其他口味創新且清淡的料理方式，結合蔬菜、海鮮或起司，例如
戈貢佐拉起司（gorgonzola）、花椰菜、核桃、番紅花及當季蔬菜，也可以使
用經典的波隆那肉醬製作千層麵。

 可以利用奶油白醬的香氣，豐富千層麵的風味。

▌托斯卡尼 Toscana —鳥巢麵（Futtuccine）

境內擁有許多美麗的山丘地，也是文藝復興的發源地「佛羅倫斯」的所在。位
處於義大利中部的托斯卡尼省是重要的橄欖油生產地，托斯卡尼人們喜歡以新
鮮香料與菇類烹飪食物。鳥巢麵起源於義大利北部及中部地區，在托斯卡尼的
廚房裡，最常看到鳥巢麵的存在。鳥巢麵可用手工利用簡單的工具製作，新鮮
麵條自然放乾後就會成形。

▎造型

寬條扁平的麵身，適合與所有醬汁烹調，尤其是味道厚重的調味料；在義大利，人們會以兔肉烹調，如此豐富的料理方式，絕對能滿足你對義大利的美味幻想。

▎如何烹飪

雖然鳥巢麵適合與各類的醬汁一起烹調，但可以依個人的喜好，搭配不同的食材料理。鳥巢麵可以跟魚類或肉類食材結合。建議可加入蟹肉及嫩菠菜，即是一道經典又美味的鳥巢麵食譜。

▎羅馬 Roma ─吸管麵（Bucatini）

自古以來，羅馬是朝聖者和遊客接踵而至的城市，由於活動頻繁人潮眾多，在羅馬的小餐館數目大約是義大利其他城市的 10 倍之多。古羅馬人在日常生活中則偏好鄉間的新鮮農產品，對於牛肉與豬肉的應用上非常多變；朝鮮薊也是當地常見的食材。

中空的長圓條直麵，是羅馬當地常見的麵型，取名自義大利文 Buco，帶有「孔洞」的意思；由於厚胖的麵條中間呈現中空的設計，口感非常有彈性，也增加了咀嚼的樂趣。

▎造型

早期人們是以扁平的麵皮包覆竹籤，讓麵皮中間形成孔洞，有如義大利直麵呈現中空的形狀，外形如吸管一般，方便醬汁夾藏在孔洞中，藉此豐富義大利麵料理的味道層次。

▎ 如何烹飪

以義大利羅馬附近阿瑪翠斯地區特有鹽漬豬頸肉烹煮番茄紅醬，再搭配羊起司的阿瑪翠斯吸管麵 (Bucatini a'matriciana)，成為羅馬最有名的經典菜色。無論如何，醬汁的味道會在吸管麵的作用下加倍呈現，所以適合味道較為清爽的料理方式，否則容易令人感到膩口。

▎ 普利亞 Puglia ─ 貓耳朵義大利麵（Orecchiette）

普利亞位於義大利半島「腳跟」的位置，擁有多處美麗的海岸，是義大利人嚮往的渡假聖地。當地的純樸漁村擅長烹煮海鮮料理，這裡也是義大利最大的橄欖油產區之一。貓耳朵義大利麵源自義大利南部普利亞地區的傳統烹飪方式，是將小麵團擀平後，以姆指拖拉成貓耳朵的形狀。

▎ 造型

貓耳朵義大利麵呈現有凹槽的小圓形，它的外形有趣，有如貓的耳朵一般，因此得名。貓耳朵義大利麵天生就很適合義大利的料理方式，可以跟不同醬汁任意搭配，尤其是魚肉及蔬菜。

▎ 如何烹飪

以花椰菜、鯷魚、大蒜、辣椒及橄欖油搭配貓耳朵義大利麵是最美味可口的配方。以番茄紅醬烹飪貓耳朵義大利麵可以品嘗到新鮮的風味；也可以使用扇貝與豌豆的結合，料理出符合義大利風味的美食。

▌西西里島 Sicilia —麻花捲義大利麵（Casarecce）

不要以為西西里島只有黑手黨，這裡生產的農產品受到義大利人的喜愛，食材以海鮮、橄欖油、開心果最為出名，火山地形下的葡萄園也生產品質優質的葡萄酒。西西里島被希臘及阿拉伯人統治過，當地的飲食習慣深受其他民族影響，人們習慣以油炸與燉煮的方式烹製食物。

麻花捲義大利麵起源於西西里島，也是義大利南部的經典麵款。一開始由阿拉伯傳至義大利，是從阿拉伯傳統麵食 Busiata 演變而來，擁有美味口感的義大利麵在義大利文稱為 Casarecce，是「家庭手工自製」的意思。

▌造型
麻花捲義大利麵由兩側向中間捲曲而成凹槽，似乎可以將醬汁一滴不漏的沾附著。表面光滑的麵體，其實帶有許多細微的毛細孔洞，適合各種烹飪方式，以及所有醬汁搭配。

▌如何烹飪
建議使用地中海常見的食材搭配麻花捲義大利麵，例如以茄子、瑞克塔起司（Ricotta）、羅勒製成美味誘人的諾瑪式（Norma）醬汁；或者可以嘗試海鮮的料理方式；以新鮮聖女番茄、小墨魚與麻花捲義大利麵一起烹煮，絕對是完美的組合。

▋ 煮出「義式彈牙」（AL DENTE）義大利麵的 10 大黃金守則

1 義大利麵都一樣

錯！所有的義大利麵都不一樣。義大利麵的品質取決所使用的原料。從簡單的小實驗可以證明，煮麵水在煮沸時若無法保持清澈，或者煮好的義大利麵不能維持金黃色澤，建議使用較有品質保證的大品牌的義大利麵，如 Barilla。

2 水量很重要

我們發現很多人在水煮義大利麵時，使用的水量不夠，或者使用的鍋子不夠大。原則上，「每 100 公克麵條需要 1 公升的水」，正確的水量為煮出彈牙的義大利麵所必備。

3 鹽

水中加鹽可以增添義大利麵的風味。放入鹽的最佳時機是水煮沸後，與放入麵條之間。建議每公升的水放入 7 公克的鹽。

4 油水不融

品質較好的義大利麵（如 Barilla），水煮時不需要加油。加油會隔絕醬汁沾附在義大利麵的能力，使醬汁與麵條無法融合。品質不好的義大利麵，才需要在水煮時加油，使其不會被釋出的澱粉黏在一起。

5 不沖水

如果使用品質較好的義大利麵，不需要沖洗煮熟的麵條。在水煮過程中，只有少量的澱粉會釋放出來，所以麵條不會沾黏在一起。而且義大利麵經水沖洗，會將表面的澱粉洗除，影響沾附醬汁的能力。

6 義大利麵是低 GI 質（低升糖指數）食物

義大利麵條含有碳水化合物，在製作過程中麵團沒有添加油脂，所以脂肪含量非常少。義大利麵是低 GI 食物，為提供健康美味的能量來源。

7 義大利麵－重要能量的來源

義大利麵是低 GI 的食物，所含碳水化合物的消化率較低。此外，其含有大量「複合碳水化合物」，釋放能量的速度緩慢，碳水化合物會變成葡萄糖貯藏在肌肉中，需要時才會被利用。

8 義式彈牙（AL DENTE）

義大利麵一定要煮出「義式彈牙」的口感，"AL DENTE" 原意是「牙齒的咀嚼感」或「扎實的咀嚼口感」，通常可以在義大利麵剛起鍋時，或與醬汁烹煮後品嘗到此口感。

9 麵醬合一

義大利人煮義大利麵,不會加入大量的醬汁。因為他們想要品嘗麵條的天然麥香,而不是醬汁。如果義大利麵的品質很好,請不要用過多的醬汁掩蓋麥香味。建議使用等量的義大利麵及醬汁,先把醬汁煮好後,再將義大利麵放入其中。但是,羅勒青醬的料理方法較不同,不可以加熱烹煮,而是當作佐料加在義大利麵上。

在義大利有超過 300 種以上的義大利麵款,每個地方會有自己的烹煮方式,不同的麵款會搭配不同的醬汁,例如類似筆管麵的短麵,適合與肉塊或蔬菜醬汁一起拌炒。義大利寬麵條適合奶油醬汁,吸管麵與大水管麵適合做焗烤料理。

10 義大利麵以杜蘭小麥為原料

品質優良的義大利麵是以「杜蘭小麥」所研磨的「粗粒杜蘭小麥粉」製作而成,例如 Barilla 義大利麵就是以 100% 高品質的杜蘭小麥製作。

義大利麵絕配‧基礎醬汁製作

醬汁的名稱有一個笑話,說義大利國旗上紅白綠三顏色的由來,就是紅醬、白醬和青醬,說實在的這類說法並不正確,不是白色的醬汁就叫白醬,義大利麵傳統的醬汁若依義大利地圖來分類,大概分為以下 2 個區域。

北義——口味濃重

北面依靠著阿爾卑斯山至波河一帶肥沃平原,較多使用米、玉米、乳製品和肉類等口味濃重的食材,多以農牧業和酪農業維生。通常北義的義大利麵較為油膩,口味重,基礎的奶油醬汁、燉飯、燉肉等料理為其特色。北部的利古里亞地區種植的羅勒葉被公認是香氣最棒的,而羅勒加入利古里亞的橄欖油及北義盛產的起司,這正是基礎羅勒青醬的由來。

南義——口味較辣

全年溫暖且日照時間較長是其特色,這正是義大利番茄適合生長的環境,長時間的日照能讓番茄成熟得較均勻,口味濃郁鮮甜,基礎的番茄醬汁就是從南義衍生出來的;而南部境內有許多火山,鄰近海域可供給各式大量的海鮮,煙花女風味的番茄醬汁中加入了大量的鯷魚,這也是南義大利料理的特色之一,口味上通常較北方辣,多採用香料、蒜頭及橄欖油為基底。

▍傳統奶油醬製作

奶油醬（bechamel），這種傳統 sauce 據說是法國料理的基底醬汁，是由麵粉、牛奶及奶油作底，先仔細拌炒奶油及麵粉至金黃色，且散發奶油及麵粉的香味後，再加入牛奶特製而成，若想提升乳香味可增加少量的肉荳蔻粉。這道傳統的白色醬汁，香濃順滑，不必再加鮮奶油就可以直接使用於料理中，適合搭配雞肉及海鮮料理或湯品增添美味。

▍基礎奶油醬汁

材料：

無鹽奶油 50 公克

低筋麵粉 60 公克

鮮奶 1000 毫升

現磨肉荳蔻碎或粉 適量

作法：

1 準備一厚底鍋，無鹽奶油加熱融化後，倒入低筋麵粉用微火慢速拌炒至麵粉變成金黃色且有香氣飄出，離火備用。

2 準備另一鍋，將鮮奶煮沸。

3 鮮奶煮沸後慢慢倒入作法 1 的麵糊，邊倒邊用力快速攪拌，然後轉小火烹煮並持續攪拌。

4 煮沸後，加入肉豆蔻調味，取一漏網過篩即可。

▌牛肝蕈菇奶油醬汁

牛肝蕈是一種常見於歐洲的珍貴菇類，義文稱 Porcini，北半球的採收期為 6 ～ 10 月，產地主要在西歐，如義大利、法國，或保加利亞、波蘭、中國等地，主要生長在針葉林下。義大利人非常喜愛香氣濃郁的 Porcini，不管是燉飯、義大利麵、湯、醬汁或內餡都會使用，而乾燥的牛肝蕈菇保存與運用方式更廣，肥厚多汁且香氣飽滿，尤其以秋天最為盛產。乾燥型的牛肝蕈菇氣味芳香濃郁，用量不需太多餐點就能使人驚嘆，目前市售等級差距甚大，普通等級的顏色稍深褐色，所以煮出的醬汁為褐色，最高等級的菇體為白色，煮出來的醬汁顏色也較為討喜，對素食者來説，即使沒有放肉或是肉湯，也有一種葷食濃郁的滿足感。

材料：

乾燥牛肝蕈菇 10 公克

生飲水 100 毫升

鹽 適量

現磨黑胡椒 適量

鮮奶油 200 公克

作法：

1 乾燥牛肝蕈菇洗淨後，取一碗放入生飲水及牛肝蕈菇，泡軟並挑除莖的部分。

2 取泡軟牛肝蕈菇的一半分量，放入果汁機攪打成泥狀。

3 將作法 2、鹽、現磨黑胡椒拌入鮮奶油中攪拌均勻。

4 另一半牛肝蕈菇瀝水，待餐點料理好後加入拌勻。

▍起司奶油醬

起司奶油醬原本是 al burro sauce，意思是只有奶油跟起司的醬汁，因為調配起來過於濃稠，故將其調整為較適合台灣人的口味，以鮮乳及多種起司取代奶油，不僅起司香味更重，口感也較為滑順。

材料：
藍紋起司 50 公克
水牛莫札瑞拉起司 50 公克
梵提那起司（Fontina） 50 公克
帕米吉安諾 - 雷吉安諾起司（Parmigiano-Reggiano） 50 公克
鮮奶 150 毫升

作法：
1 將藍紋起司、莫札瑞拉起司、梵提那起司切小塊，帕米吉安諾 - 雷吉安諾起司刨粉備用。
2 取一鍋倒入鮮奶煮沸，放入作法 1，以小火加熱並持續攪拌至起司融化並呈現柔滑狀。

▌卡彭那拉蛋黃醬

「Carbonara」最初是指「培根蛋麵」，而這一詞的由來有多種說法，但此一稱呼的歷史可能比料理本身還短。由於此名詞與 carbonaro 燒煤的爐有些相關淵源，因此有人相信這道料理最初是煮來給煤礦工人補給營養用的菜肴。在美國的一些地區，則直接以煤礦工義大利麵（coal miner's spaghetti）來稱呼，但目前更可信的論點認為培根蛋麵是源自於羅馬的傳統料理，隨著時代進步目前 Carbonara 被指稱為蛋黃醬，且不一定得與培根搭配，除了培根，必須還有蛋黃、起司、黑胡椒才能稱作 Carbonara。

材料（2 人份）：
蛋黃 2 個
帕米吉安諾 - 雷吉安諾起司刨粉（Parmigiano-Reggiano）50 公克
鮮奶油 100 毫升
鹽 適量
現磨黑胡椒 適量

作法：
取一碗將蛋黃、起司粉、鮮奶油、鹽、現磨黑胡椒拌勻即可。

▎傳統番茄紅醬製作

以番茄為底的紅色醬汁，義大利南部因日照時間較長，種植出的番茄口味濃郁鮮甜，因此義大利番茄醬汁多源自南義，是最常見、用途最廣也是醬的基礎。

▎基礎番茄醬汁（Tomato sauce）

材料：

義大利整粒去皮長型番茄 1 桶（約 2550 公克）

橄欖油 120 毫升

蒜仁 2 瓣

洋蔥 1/2 顆（約 200 公克）

鹽 適量

作法：

1 準備一鍋，倒入預先切掉蒂頭的番茄，利用工具或用手將番茄稍微搗碎備用。

2 準備另一厚底深鍋，倒入橄欖油燒熱後，放進拍碎的蒜仁及切成 1/4 大小的洋蔥，以小火炒至金黃色後取出蒜仁。

3 再倒入作法 1 以大火快煮至沸騰後，關中火慢煮約 30 分鐘至約 2/3 量後取出洋蔥（慢煮時約 10 分鐘攪拌一次）。

4 加入適量的鹽調味。

▍煙花女風味醬汁（Puttanesca sauce）

Puttanesca 的字源是 Puttana，在義大利文中意指應召女，醬汁的命名據説是當應召女接客時，若客人肚子餓，應召女就會以手邊常見的食材做這道菜給客人吃因而得名，也有另一説是這道醬汁吃起來鹹鮮飄香又辣勁十足，在應召女煮醬汁的時候可以透過香氣吸引客人上門。姑且不論傳説真實性，這道醬汁的特色就是「鹹鮮辣香」。

材料：

義大利整粒去皮長型番茄 400 公克

橄欖油 120 毫升

蒜仁 4 瓣

洋蔥切絲 1/2 顆（約 200 公克）

鯷魚 4 片

酸豆 2 大匙

去籽黑橄欖片 80 公克

鹽 適量

現磨黑胡椒 適量

作法：

1 準備一鍋，倒入預先切掉蒂頭的番茄，利用工具或手將番茄稍微搗碎備用。

2 準備另一厚底深鍋，倒入橄欖油燒熱後，放入拍碎的蒜仁及切絲的洋蔥，小火炒至金黃色，取出蒜仁。

3 放入鯷魚、酸豆、黑橄欖片拌炒至鯷魚散開。

4 再倒入作法 1 以大火快煮至沸騰，關中小火慢煮約 30 分鐘（慢煮時約 10 分鐘攪拌一次）。

5 加入適量的鹽及黑胡椒調味。

▌ 拿波里番茄肉醬汁（ragù alla napoletana）

在義大利最有名氣的肉醬汁就是拿坡里番茄肉醬汁及波隆那肉醬汁，這 2 道醬汁的區隔，大概就是使用肉塊或絞肉及番茄的使用量上的差異吧，拿坡里番茄肉醬汁，使用大量的番茄及牛腿塊肉或豬腿塊肉燉煮，由於需要長時間燉煮，所以義大利的媽媽們大多選擇假日來燉煮這道醬汁與家人分享。

材料：

豬油 30 毫升

豬腿肉 300 公克

整粒去皮長型番茄 750 公克

蒜仁 2 瓣

洋蔥切碎 10 公克

甜羅勒（九層塔）15 公克

義大利培根細丁 40 公克

紅蘿蔔細丁 50 公克

芹菜細丁 50 公克

白酒 100 毫升

肉高湯 250 毫升

鹽 適量

現磨黑胡椒 適量

辣椒碎 適量

作法：

1 準備一平底鍋，倒入一半的豬油，使其融化後放入豬腿肉，將每面都煎至焦黃色備用。

2 番茄蒂切掉後，用工具或用手將番茄稍微搗碎備用。

3 準備另一厚底深鍋，倒入另一半豬油使其融化，放入拍碎的蒜仁及切碎的洋蔥丁、甜羅勒梗及義大利培根細丁，以小火炒至培根呈些微焦黃色後取出蒜仁及甜羅勒梗，再放入紅蘿蔔細丁及芹菜細丁拌炒均勻，嗆入白酒煮至酒精揮發。

4 倒入作法 2 以大火快煮至沸騰，關小火慢煮約 2 小時（慢煮時約 10 分鐘攪拌一次，若有快鍋則只需約 30 分鐘）。

5 將甜羅勒葉用手剝碎放入番茄醬汁中拌勻。

6 作法 1 的豬腿肉燉煮軟爛後，取出切成碎塊再倒回鍋中。

7 最後加入適量的鹽及黑胡椒調味。

▌波隆那肉醬汁

義大利波隆那有許多著名的傳統料理，最有名氣的波隆那肉醬汁即是發源於此，在義大利也和拿坡里番茄肉醬汁同享盛名，食材牛絞肉是一定要有的，另一種肉除了豬絞肉外，也可選用培根或雞肉、雞肝其一來取代。波隆那肉醬汁在義大利的家家戶戶都自己的家傳作法，就好比我們台式的肉燥，每間店或每個家庭都有自己的作法，以及喜愛的口味。

材料：

去皮整粒長型番茄（不含汁）打泥 150 公克

無鹽奶油 80 公克

義式煙燻培根切碎 300 公克

紅蘿蔔碎末 200 公克

洋蔥碎末 250 公克

橄欖油

牛絞肉 300 公克

紅酒 250 毫升

肉高湯 1000 毫升

新鮮月桂葉 2 片

奧勒岡 適量

丁香 4 顆

鹽 適量

肉荳蔻 適量

現磨黑胡椒 適量

作法：

1 準備一果汁機，將去皮整粒長型番茄的蒂頭切掉，倒入果汁機攪打成泥狀，
  備用。

2 準備另一厚底平底鍋，放入無鹽奶油燒熱至融化後，加入義式煙燻培根碎拌
  炒至微焦黃。

3 放入切成碎末的蔬菜拌炒 15 分鐘至香味飄出，關小火備用。

4 取另一厚底深鍋，倒入橄欖油燒熱後，放入牛絞肉炒至變色。

5 接著倒入作法 1 拌炒均勻，加入紅酒煮至酒精揮發。

6 再將作法 3 的培根及蔬菜倒入作法 5 拌炒均勻，隨後倒入肉高湯以中火煮沸
  後關小火。

7 最後放入月桂葉、奧勒岡、丁香，讓醬汁維持在中小火略微沸騰的狀態下燉
  煮約 1.5 小時。

8 收乾約 2/3 後放入鹽、肉荳蔻及現磨黑胡椒調味。

█ Pesto 青醬製作

又稱青色醬汁（pesto），據說 Pesto 是在羅馬時代從北非引進義大利，最早的版本就是羅勒、大蒜、鹽、橄欖油，後來演變成加了松子和起司，稱為 Genoa Pesto，也就是現在一般所謂的 pesto。也有加了番茄的 pesto，稱為 Sicily pesto，緣起於西西里島，風行於南義大利。現在也有用芝麻葉（rucola）或菠菜、豌豆取代羅勒的作法。傳統的香蒜羅勒醬汁是用香草之王—甜羅勒，加上利古里亞的橄欖油、松子與佩克里諾起司（羊起司）製成，能這樣做當然最好不過，但在材料取得不易的情況下，現在台灣普遍用九層塔做出風味濃郁的基本香蒜羅勒醬汁。

█ 基礎熱那亞松子羅勒醬

材料：

甜羅勒葉 200 公克

冷壓橄欖油 350 毫升

松子 15 公克

大蒜 10 公克

衛生冰塊 適量

羊起司 50 公克

鹽 適量

作法：

準備一食物調理機，放入所有材料攪打至乳化狀即可。

▎豌豆醬汁

材料：

橄欖油 20 毫升

洋蔥絲 15 公克

豌豆 250 公克

水 500 毫升

鹽 適量

作法：

1 準備一平底鍋倒入橄欖油燒熱，放入洋蔥絲拌炒至金黃色。

2 加入豌豆拌炒約 3 分鐘至香味飄出。

3 平底鍋中加入水，加鹽煮約 15 分鐘後瀝水備用。

4 準備一食物調理機放入作法 3 的豌豆攪打成泥狀。

▎芝麻葉青醬

材料：

芝麻葉 50 公克

利古里亞橄欖油 75 毫升

帕米吉安諾 - 雷吉安諾起司刨粉（Parmigiano-Reggiano） 10 公克

鹽 適量

松子 5 公克

作法：

準備一食物調理機，放入所有材料攪打至乳化狀即可。

▋ 杏仁奶油羅勒醬

材料：

甜羅勒葉（九層塔葉）100 公克

橄欖油 300 毫升

烤杏仁片 80 公克

大蒜 5 公克

鹽 適量

現磨黑胡椒 適量

鮮奶油 100 毫升

作法：

1 除鮮奶油外，分批將所有材料放入食物調理機，攪打至乳化狀。

2 準備一碗將作法 1 與鮮奶油拌勻。

傳統橄欖油清炒

最能保住義大利麵原味的唯一醬汁選擇，只以橄欖油為基底搭配大蒜，但也是最能吃出廚師手藝的一項指標，雖然人人會做，但想做得好吃並不容易，製作香料橄欖油或蒜辣橄欖油必須全神貫注，一點都不得馬虎，掌握大蒜與辣椒的美味就能將料理發揮到極致。

香料橄欖油

材料：

特級冷壓橄欖油 500 毫升

新鮮迷迭香 3 枝

新鮮鼠尾草 5 枝

新鮮百里香 2 枝

作法：

1　準備一鍋水煮沸，用夾子將新鮮香料分次放入滾水迅速汆燙殺菌。（一次只汆燙一枝）。

2　汆燙後放涼，用乾淨的布或擦手紙吸乾香料上多餘的水分。

3　準備一鍋倒入特級冷壓油 200 毫升，加熱至 150℃，放入所有香料後關火。

4　浸泡約 10 分鐘後，取一耐熱厚玻璃瓶，待油冷卻後連同香料一起加入瓶中。

5　再倒入剩餘的特級冷壓橄欖油，蓋上蓋子放個 3、4 天即可使用。

| 菜單設計

菜單扮演著串聯顧客需求與餐館供應能力兩者之間的角色，通常也是餐廳與消費者溝通最主要的工具，絕對有一定的重要性；菜單若一旦定調，等於宣告了整個餐館日後的營運架構與重點。

- 菜單設計的原則：

1 使用的食材盡量重複出現在餐點中，以達到物盡其用，減少庫存的原則。

2 考量採購的設備是否具有適當性及流暢性。

3 菜單的品項不要過多（消費者難以閱讀，增加點餐時間）或者太少（選擇性太少，消費者減低來店意願）。

4 高、低成本的餐點項目應該要平均訂定。

5 菜單上餐點的食材要考慮到季節性

6 菜單必須容易閱讀，且字體大小應適中。

7 訂定合理適當的價格

8 需考量每道餐點料理時所需的人力、時間及供應商原物料是否充足的狀況。

- 菜單的主要設計考量：

參考價格（訂定餐點單價）

1 訂定價格比例

所謂的價格比例指的是餐廳所提供的餐點品項中，最高價與最低價之間的距離而言，價格比例愈廣，客層就會愈廣泛。

2 策略性商品

餐館一定都會提供一些有行銷目的的商品，例如超值商業午餐，餐廳一般都會犧牲這些品項的利潤來達成目的。

3 主打的餐點

必須是比較具有季節性、特殊性，且較沒有爭議性的餐點，在價格及利潤上也會較多競爭力。

4 顧客的認知與主軸

短期雖可增加一些策略性商品，但餐廳基本的定位絕對不能跑掉，必須兼顧消費者對餐廳的既有認知，例如義大利菜的餐廳是否適合賣韓式泡菜火鍋？

5 價格與價值的對價關係

在餐點的訂價上，必須掌握到物超所值的原則，所謂物超所值不只有餐點的部分，這關於餐廳給予客人的感受而定，若餐廳的服務、裝潢及餐點能達到一定的品質，相對而言價格的訂定上則會有較大的空間。

6 單張式或整本式菜單給客人的感受

單張菜單對餐廳能表現的空間有限，也可能會給人隨便、沒質感的印象，但較省成本。

7 菜單點餐服務類型（自助式、半自助式或桌邊式點餐方式）

自助式是由客人自行到櫃檯點餐的方式，服務品質細緻度會隨著餐廳由半自助式跨到桌邊式點餐服務而提高品質，相對而言，自助式、半自助式、桌邊式點餐的價格訂定會由低至高。

8 菜單文字或餐點照片的告知所能呈現的美感

必須在設計、排版、色彩配置等層面上下功夫，一般而言，菜單內有提供專業攝影的餐點照片比較能獲取客人的喜愛且該道餐點的點菜率較高。

9 是否該收取服務費

收不收取服務費的問題，跟能提供給客人何種服務、餐點及用餐環境品質有莫大的關係，客人會關心他們實際要支付的價錢及服務費。若決定要收取服

務費，則必須從餐點訂價、餐點品質、服務品質及用餐環境的舒適度去做完整評估。

10 參考業界的流行趨勢

要考慮國內外義大利料理界最新的流行趨勢，在不違背我方餐廳現有定位的前提下，盡可能的結合類似餐點及服務的趨勢。

11 菜單設計要考量作業系統及工作動線順暢度

在設計餐點的選擇上，必須考量到廚房設備、人員及食材供應商配合度的因素。硬體設備是否作出最大量，以及考量廚房設備的產能，不能特別集中於某一區塊，避免影響出餐速度及餐點品質。

12 菜單設計需考慮內外場的協調性

為避免廚房人力過度負荷導致出餐緩慢，部分餐點例如飲料、甜點、輕食等可以考慮交由外場人員負責，以利加快出餐速度。

13 菜單印製成本的考量

菜單是消耗品，必須控制成本，一般參考業界而言，單張式菜單每張成本盡量控制在 200 元內，每本菜單的印刷費用盡量控制在 800 元以內。

14 菜單上餐點色、香、味的呈現

只有文字的菜單無法呈現出色香味的感受，藉助專業攝影拍攝的餐點照片，可以為餐點加分許多，甚至可考慮樣品櫃的陳列。

15 菜單編排的順序及價格的呈現

應把餐廳的主力餐點安排在菜單第 1 頁，策略性餐點品項盡可能放在不顯眼處，但必須搭配外場人員口述介紹策略性餐點，有利於給人物超所值的感覺。

16 附餐內含與外加的玄機

參考訂價的方式，從客人的用餐預算去思考。若客人可用優惠的價格加點飲料及甜點或沙拉，亦有可能滿足消費者享受物超所值的感覺。

17 菜單顏色的選擇

菜單主顏色的基調必須符合店內裝潢設計及餐廳訴求的風格，例如 7-11 所訴求的色調就是紅、白、綠、橘色。

18 季節性商品

當季食材因盛產的緣故，通常成本都較低且新鮮美味，利潤也比較高，可搭配外場人員以口述方式介紹餐點，例如秋季的鮭魚與螃蟹等食材餐點。

19 換菜單的頻率

一般業界而言，餐廳大致上 1 年更換 1 ～ 2 次菜單，更積極的餐廳甚至會依季節更換 4 次菜單，以充分發揮當季食材，也可以藉此機會測試市場接受度，將滯銷的餐點下架，若前次菜單出現客人反應不錯的餐點，則可在這次更換菜單時加入。

廚房備餐

- **首需標準食譜的建立及依據 SOP 準則**

避免不良的控制標準工具及設備，善加利用處理剩下的食材，以降低成本，例如紅蘿蔔或西洋芹可以當作煮高湯的食材。

1 如何建立菜單食譜的標準化：

    (1) 餐點名稱使用簡稱或編號

    (2) 製作餐點的標準順序流程

    (3) 設定食材標準的分量、重量及數量

    (4) 設定餐點製作標準的溫度與時間

    (5) 訂定如何將餐點送給客人的標準服務流程

2 訂定標準食譜的目的：

    (1) 餐點製作的作業流程及時間標準化，以控管品質及節省人力成本

    (2) 原物料使用的數量、重量或容量的標準，以確保餐點品質統一。

    (3) 可以合理的控制而達到節省成本之目的。

▌標準化作業程序‧SOP

何謂 SOP？即標準化作業程序（Standard Operating Procedure）以下簡稱 SOP，以一間餐廳製作料理的 SOP 來說明，大概可分為下列優缺點：

▌SOP 的優點

高效率
高翻桌率

節省
食材成本

餐點品質
穩定

1　節省料理製作時間，進而達到高效率、高翻桌。

2　節省食材的浪費，從而達到節省成本。

3　使餐點有一定的穩定性，達到品質穩定的目的。

▌SOP 的缺點

無法依特殊節日
適時調整

無法依客人臨時
要求導致客訴

造成新、舊制度間
的矛盾

1　如果廚房人員執行 SOP 一段時間後，因習慣性問題，常會抗拒變化，導致無法因應特殊節日或餐點需要而適時的調整。

2 廚房人員執行 SOP 後可能會因特殊情況，例如客人想臨時變化餐點口味而延誤時機，無法滿足多數客人的需求而導致客訴。

3 一間店執行 SOP 後，若往往會造成主管下達的「新政策」與之前的「舊實務」之間產生的矛盾，較難推動改革。

▍SOP ─料理前的準備功課

台灣餐廳多數還是習慣落實 SOP，因為在人員的訓練上往往因每個人的個性或習慣的不同而不易教育，以下便說明如何將一道餐點的製作 SOP 化

▍用具準備：
標準的量匙、容器、磅秤。

▍食材準備：
● 蔬菜

食材切的形狀大小、長度、寬度都要有一定比例，保存方式也需標準化，如：用什麼盒子放在幾℃的冰箱中，外盒貼上入庫時間，嚴格執行「先進先出」原則，像是青花菜，泡入清水中 10 分鐘，取出充分清洗，去梗後將花的部分一朵一朵盡量分切成一致大小，放入保鮮盒或調理盆中以 4℃冷藏冰箱保存。

● 肉類

食材切的厚度，加工醃製時放多少調味料，及冷凍或冷藏的保存方式，如：去骨雞腿肉一副，切 8 塊平均大小，加入 1/2 匙醬油、1/4 匙黑胡椒、1/2 匙糖

充分拌勻，放入保鮮盒或鐵盤蓋上保鮮膜，放入冷藏醃製 3 小時後冰入冷凍，外盒貼上入庫時間，嚴格執行「先進先出」原則。當天要使用的則於前一晚下班前拿至冷藏退冰保存。

- 海鮮

食材處理的方式及保存方式，如：蝦子需剪鬚開背去腸泥，用保鮮盒或鐵盤蓋保鮮膜，以 -20℃冷凍庫保存，外盒貼上入庫時間，嚴格執行「先進先出」原則，當天要用的前一晚下班前拿至冷藏退冰保存。

醬汁準備

一個餐期的醬汁可以在食材準備時一起煮起來保存，有些店家會用隔水加熱的熱式保存（空班或下班前取出，放涼後置入冷藏冰箱保存），有些則會當醬汁冷卻後使用包裝袋分裝封口冷藏或冷凍。

義大利麵的預煮

看您所想經營的義大利麵店是什麼型態，價格中上至高水準的店建議客人點餐後再現煮麵條，以保持彈牙口感，但若是以中價位或平價的店來說則非常建議預煮，因為平價或中價位的店是以拼翻桌率來得到效益，所以預煮可省下大部分的時間，預煮時間大致上是包裝上建議時間再減少 2～3 分鐘，將義大利麵煮至 6、7 分熟，麵心約留 1mm（視個人口感而定），時間到或試吃口感到達標準後瀝水撈出，將麵條拌上橄欖油避免沾黏，隨後取一大平盤將麵攤開鋪平，用電風扇吹或是放入冰箱中降溫，這個動作是為了不讓麵條餘溫持續麵條的熟成而破壞口感，當麵條冷卻後取出，用保鮮袋或耐熱袋秤重分裝後，冰箱保存備用即可。

▌開始用 SOP 來炒一盤美味的義大利麵吧

（假設範例中所有食材及醬料都依 p.234 ～ 235 的說明處理好呈備用狀態）

▌奶油培根義大利麵（1 人份）

材料的 SOP：

- 橄欖油 適量

  （可依食材來加減添之，如：培根有不少油脂，所以只加 1 大匙橄欖油即可）

- 義式煙燻培根切片 60 公克

  （先切片裝入保鮮盒冷藏備用，使用前可先秤重得知大約幾片為 60 公克）

- 傳統奶油白醬 150 公克（可採購 150 ～ 200 毫升的湯勺）

- 義大利直麵 180 公克

  （一人份分裝 180 公克熟直麵或採用現煮的方式將 80 公克生麵綁成一束）

- 鹽 適量（依個人口味，可使用標準量匙來添加，例如 1/4 茶匙）

- 現磨黑胡椒 適量

  （若採購的是廠商磨好的黑胡椒粗粒，則可使用標準量匙來添加之，例如 1/8 茶
  匙也就是 1/4 茶匙的一半）

- 帕米吉亞諾 - 瑞奇亞諾起司 25 公克

  （食材準備時可先將大塊起司刨粉備用，並取一標準量匙添加之，例如 2 大匙）

作法：

1　取一平底鍋，倒入橄欖油 1 大匙。

2　油熱後放入義式培根拌炒至培根呈現些微焦黃。

3　使用 150 毫升的湯勺舀 1 平勺的傳統奶油白醬入鍋與培根拌炒均勻。

4　冰箱取出 1 人份熟直麵，倒入鍋中與培根及醬料拌炒。

5　加入鹽 1/4 茶匙及黑胡椒 1/8 茶匙調味。

6　關火，起鍋前加入起司粉 2 大匙拌勻。

7　盛盤後再撒些許起司粉裝飾即可。

▎綜合野菇細扁麵（1 人份）

材料的 SOP：

- 橄欖油 適量

  （可依食材特性來加減添之，若食材油脂含量較少則加約標準量匙 2 大匙）

- 蒜仁 1 瓣

  （可預先拍碎裝盒備用）

- 乾辣椒段 1 段

  （可直接跟原物料廠商購買處理好的乾辣椒段，放置密封桶內保存備用）

- 綜合菇類 50 公克

  （可先清洗、切片或切段處理，將綜合菇拌勻，秤重分裝入袋放進冷藏備用）

- 小番茄 3 顆

  （可先清洗去蒂頭，整粒或剖半，放入保鮮盒中冷藏備用）

- 牛肝蕈菇奶油醬汁 150 公克

  （可採購 150 毫升的湯勺，一人份的量為 1 湯勺）

- 細扁麵 180 公克

  （一人份分裝 180 公克熟細扁麵或採用現煮的方式將 80 公克生麵綁成一束）

- 鹽 適量

  （依個人口味，可使用標準量匙來添加，例如 1/4 茶匙）

- 現磨黑胡椒 適量

  （若採購的是廠商磨好的黑胡椒粗粒，則可使用標準量匙來添加，例如 1/8 茶匙也就是 1/4 茶匙的一半）

- 扁葉巴西里 適量

  （可清洗後切碎，用擦手紙或廚房用吸油紙鋪底吸除多餘水分，冷藏保存備用）

作法：

1 將橄欖油、拍碎的蒜仁、乾辣椒段放入平底鍋中，以小火慢炒至蒜仁變焦黃
　 色後取出蒜仁及乾辣椒段。

2 鍋中放入綜合菇拌炒至軟，加入小番茄後再加入牛肝蕈菇奶油醬汁拌炒。

3 放入煮好的細扁麵拌炒均勻。

4 起鍋前放入鹽、現磨黑胡椒調味及些微的冷壓橄欖油後快速拌炒。

5 盛盤後撒上適量的扁葉巴西里碎。

四重起司水管麵（1 人份）

材料的 SOP：

- 起司奶油醬 150 公克

 （可採購 150 毫升的湯勺，一人份的量為 1 湯勺）

- 鮮奶油 25 毫升

 （使用標準量杯，每次使用 25 毫升）

- 水管麵 180 公克

 （一人份分裝 180 公克熟水管麵或採用現煮的方式將 80 公克生麵裝袋備用）

- 鹽 適量

 （依個人口味，可使用標準量匙來添加，例如 1/4 茶匙）

- 現磨黑胡椒 適量

 （若採購的是廠商磨好的黑胡椒粗粒，則可使用標準量匙來添加，例如 1/8 茶匙 也就是 1/4 茶匙的一半）

- 帕米吉亞諾 - 瑞奇亞諾起司 適量

 （食材準備時可先將大塊起司刨粉備用，並取一標準量匙添加之，例如 2 大匙）

作法：

1 取一鍋倒入起司奶油醬，以小火拌煮至滾後加入鮮奶油。

2 放入煮好的水管麵拌勻，此時可加入些許煮麵水調整濃稠度。

3 起鍋前放入鹽及現磨黑胡椒調味。

4 盛盤可撒上適量起司粉。

▌卡彭那拉海鮮麻花捲麵（1 人份）

材料的 SOP：

- 海瓜子肉 25 公克

  （預先將冷藏的海瓜子用白酒煮至開口，取肉備用，使用時抓取秤重即可）

- 透抽 25 公克

  （預先將採購回來的透抽清洗處理後切條狀，放入保鮮盒冷藏備用，使用時抓取秤重即可）

- 鮭魚 20 公克

  （預先將冷凍的鮭魚處理及切塊，1 塊鮭魚肉盡量分切成 10 公克左右，放入保鮮盒冷凍或冷藏保存，使用時抓取 2 塊即可）

- 蝦仁 25 公克

  （預先將冷凍蝦仁退冰放入保鮮盒冷藏備用，使用時抓取秤重即可）

- 橄欖油 適量

  （可依食材特性來加減添之，若食材油脂含量較少則加約標準量匙 2 大匙）

- 紅蔥頭碎 10 公克

  （預先將紅蔥頭切碎放入保鮮盒冷藏備用，可使用標準量匙，量取使用約 1 大匙）

- 白酒 1/2 杯

  （使用標準量杯，一杯約 225 毫升）

- 麻花捲麵 180 公克

  （一人份分裝 180 公克熟麻花捲麵或採用現煮的方式將 80 公克生麵裝袋備用）

- 卡彭那拉蛋黃醬 1 人份

  （可採購適當的湯勺，一份的量 1 湯勺）

- 鹽 適量

  （依個人口味，可使用標準量匙來添加，如：1/4 茶匙）

- 現磨黑胡椒 適量

  （若採購的是廠商磨好的黑胡椒粗粒，則可使用標準量匙來添加之，如：1/8 茶匙也就是 1/4 茶匙的一半）

作法：

1 取一鍋將海瓜子燙熟取肉，透抽處理後切條，鮭魚清肉去皮切大丁，蝦仁去
  腸泥，備用。

2 取一平底鍋倒入橄欖油加熱，爆香紅蔥頭至金黃色，放入透抽拌炒約1分鐘。

3 再放海瓜子肉、鮭魚丁、蝦仁，拌炒後嗆入白酒，續煮約3分鐘至酒精揮發。

4 放入煮好的麻花捲麵拌勻。

5 離火倒入卡彭那拉蛋黃醬，此時可加入些許煮麵水調整濃稠度並加入鹽及黑
  胡椒調味，用鍋內餘溫快速與海鮮及麻花捲麵拌勻。

6 盛盤可撒上適量的現磨黑胡椒粗粒。

MENU

牛肝蕈菇肉醬義大利麵

材料

煮麵用

水 2 公升

鹽 14 公克

義大利麵 180 公克

蒜仁 1 瓣

乾辣椒段 2 段

純橄欖油 適量

牛絞肉 100 公克

豬絞肉 100 公克

白酒 75 毫升

牛肝蕈菇奶油醬汁 300 公克

（作法請參考 p.215）

鹽 適量

冷壓橄欖油 適量

扁葉巴西里 適量

作法

1. 取一鍋加水煮沸，加入鹽，放入義大利麵煮 5 分鐘，煮麵時需偶爾翻動，避免沾鍋。

2. 拍碎的蒜仁、乾辣椒段、純橄欖油放入平底鍋中，以中火慢炒至蒜仁變焦黃色後，取出蒜仁。

3. 鍋中放入 2 種絞肉炒至變色，加入白酒後煮至酒精揮發，再加入牛肝蕈菇奶油醬汁，小火拌煮約 5 分鐘。

4. 放入煮好的義大利麵拌炒均勻。

5. 起鍋前放入鹽調味，拌入適量的冷壓橄欖油後快速炒勻。

6. 盛盤，撒上扁葉巴西里碎。

※p.244 ～ p.283 的義大利麵食譜皆以 2 人份的分量製作。

MENU

卡波那拉炭火培根義大利麵

材料

煮麵用

| 水 2 公升
| 鹽 14 公克
| 義大利麵 180 公克

義大利培根 100 公克

純橄欖油 適量

白酒 100 毫升

卡彭那拉蛋黃醬 2 人份

（作法請參考 p.217）

煮麵水 適量

鹽 適量

現磨黑胡椒 適量

作法

1. 取一鍋加水煮沸，加入鹽，放入義大利麵煮 5 分鐘，煮麵時需偶爾翻動，避免沾鍋。

2. 義大利培根切成 5mm 的薄片，再切成 5mm 的小段。

3. 取一平底鍋倒入純橄欖油，再放入切好的義大利培根，以小火慢炒至培根呈焦黃色。

4. 放白酒，續煮約 3 分鐘至酒精揮發。

5. 放入煮好的義大利麵拌勻。

6. 離火倒入卡彭那拉蛋黃醬，此時可加適量煮麵水調整濃稠度，並加入鹽及黑胡椒調味，用鍋內餘溫快速的與培根及煮好的義大利麵拌勻。

7. 盛盤可撒上現磨的黑胡椒。

∿

MENU

奶油蘆筍火腿義大利麵

材料

煮麵用

水 2 公升

鹽 14 公克

義大利麵 180 公克

粗蘆筍 2 條

生火腿 4 片

鮮奶油 100 毫升

無鹽奶油 6 公克

帕米吉安諾 - 雷吉安諾起司刨粉

（Parmigiano-Reggiano）30 公克

鹽 適量

現磨黑胡椒 適量

作法

1. 取一鍋加水煮沸，加入鹽，放入義大利麵煮 5 分鐘，煮麵時需偶爾翻動，避免沾鍋。

2. 將蘆筍去皮用鹽水煮過，切成一口大小。

3. 取一平底鍋放入生火腿，以乾鍋煎烤至出油後取出。

4. 放入鮮奶油及煮過的蘆筍，烹煮至收乾剩 1/2 量。

5. 放入煮好的義大利麵、作法 3 的火腿及無鹽奶油，拌炒。

6. 關火加入起司粉及適量鹽拌勻。

7. 盛盤後撒上現磨黑胡椒。

MENU

起司手工牛肉丸義大利麵

材料

肉丸材料（8 顆）

牛絞肉 125 公克

豬絞肉 125 公克

雞蛋 1 顆

牛奶 1/2 大匙

麵包粉 15 公克

鹽 適量

黑胡椒 適量

洋蔥碎 25 公克

肉蔻 少許

純橄欖油 適量

低筋麵粉 適量

傳統奶油醬汁 300 公克

（作法請參考 p.214）

煮麵用

水 2 公升

鹽 14 公克

義大利麵 180 公克

帕米吉亞諾 - 瑞奇亞諾起司粉 50 公克

鹽 適量

現磨黑胡椒 適量

作法

1. 肉丸作法：將肉丸所有材料混合、攪拌至黏稠為止，取 35 公克做成 1 顆肉丸。

2. 取一鍋倒入純橄欖油燒熱後，將肉丸裹上低筋麵粉，以小火煎至表面上色，取出備用。

3. 再取一平底鍋，倒入奶油醬汁以小火煮滾後放入肉丸，加蓋續煮約 5 分鐘。

4. 取一鍋加水煮沸，加入鹽，放入義大利麵煮 5 分鐘，煮麵時需偶爾翻動，避免沾鍋。

5. 煮好的義大利麵放進作法 3 中拌炒。

6. 關火後放入起司粉及適量的鹽拌勻即可。

7. 盛盤，撒上現磨黑胡椒。

MENU

甜醋奶油雞柳義大利麵

材料

煮麵用

| 水 2 公升
| 鹽 14 公克
| 義大利麵 180 公克

雞胸肉 1 付
純橄欖油 適量
鮮奶油 200 毫升
帕米吉亞諾 -
瑞奇亞諾起司粉 60 公克
鹽 適量
濃縮巴薩米可醋 適量
現磨黑胡椒 適量

作法

1. 取一鍋加水煮沸，加入鹽，放入義大利麵煮 5 分鐘，煮麵時需偶爾翻動，避免沾鍋。
2. 將雞胸肉切成條狀，以少許純橄欖油、鹽及黑胡椒醃漬調味。
3. 取一平底鍋倒入純橄欖油，燒熱後放入雞胸肉，以中火煎至金黃色取出備用。
4. 取另一平底鍋倒入鮮奶油，以中火加熱至開始沸騰後，放入起司粉及作法 2 的雞胸肉。
5. 快速拌勻後再放入煮好的義大利麵，拌勻。
6. 起鍋前放入適量鹽調味。
7. 盛盤後淋上已熬煮至濃縮的巴薩米可醋，撒上現磨黑胡椒。

濃縮巴薩米可醋作法

材料：
巴薩米可醋 適量
蔗糖 適量

作法：
平底鍋倒入巴薩米可醋，開小火慢煮收乾至 2/3 量，加入適量蔗糖攪拌後放涼。

Menu

煙花女風味鯷魚義大利麵

材料

煮麵用

水 2 公升

鹽 14 公克

義大利麵 180 公克

純橄欖油 20 毫升

洋蔥切絲 30 公克

油漬鯷魚罐頭 4 片

白酒 適量

煙花女風味紅醬 250 公克

（作法請參考 p.219）

熟義大利麵 360 克

冷壓橄欖油 適量

作法

1. 取一鍋加水煮沸，加入鹽，放入義大利麵煮 5 分鐘，煮麵時需偶爾翻動，避免沾鍋。

2. 取一平底鍋倒入純橄欖油，燒熱後放入洋蔥絲以中火拌炒至金黃色。

3. 放入鯷魚拌炒約 1 分鐘後嗆入白酒，煮至酒精揮發後，加入煙花女風味紅醬。

4. 再加入煮好的義大利麵拌炒均勻，起鍋前淋上適量冷壓橄欖油拌勻。

5. 盛盤，撒上大量的洋蔥絲。

Menu

辣味培根番茄義大利麵

材料

煮麵用

水 2 公升

鹽 14 公克

義大利麵 180 公克

純橄欖油 適量

洋蔥切絲 40 公克

蒜碎 2 瓣

乾辣椒 1 條

義式培根 60 公克

白酒 20 毫升

基礎番茄醬汁 100 毫升

（作法請參考 p.218）

冷壓橄欖油 適量

羊起司刨粉 適量

作法

1. 取一鍋加水煮沸，加入鹽，放入義大利麵煮 5 分鐘，煮麵時需偶爾翻動，避免沾鍋。

2. 取一平底鍋倒入純橄欖油，燒熱後放入洋蔥絲及蒜碎、乾辣椒，以小火拌炒至洋蔥呈金黃色。

3. 放入培根拌炒約 1 分鐘後嗆入白酒，煮至酒精揮發。

4. 加入基礎番茄醬汁以小火拌煮約 10 分鐘。

5. 加入煮好的義大利麵拌炒均勻，起鍋前淋上適量冷壓橄欖油拌勻。

6. 盛盤後撒上羊起司。

辣味香腸番茄義大利麵

材料

煮麵用

> 水 2 公升
> 鹽 14 公克
> 義大利麵 180 公克

純橄欖油 適量

蒜碎 4 瓣

乾辣椒 1 條

洋蔥絲 40 公克

香腸肉 200 公克

白酒 40 毫升

基礎番茄醬汁 80 公克
（作法請參考 p.218）

高湯 300 毫升

羊起司刨粉 20 公克

現磨黑胡椒 適量

茴香籽 適量

作法

1. 取一鍋加水煮沸，加入鹽，放進義大利麵煮 5 分鐘，煮麵時須偶爾翻動，避免沾鍋。

2. 取另一鍋倒入純橄欖油，並放入蒜碎及乾辣椒以小火爆香，再放洋蔥絲拌炒至金黃色。

3. 將香腸肉切成一口大小，放入鍋中拌炒，倒入白酒並使酒精成份揮發。

4. 加入基礎番茄醬汁及高湯，以小火燉煮約 10 分鐘。

5. 最後放進煮好的義大利麵拌炒均勻。

6. 盛盤後撒上羊起司、現磨黑胡椒及切碎的茴香籽。

香腸的作法

材料：

牛絞肉 250 公克、豬絞肉 250 公克、黑胡椒 20 公克
鹽 20 公克、白酒 10 毫升、蒜碎 20 公克
茴香籽 20 公克

作法：

將所有材料拌勻後捏成條狀，以保鮮膜包覆，放冰箱冷藏醃漬 1 天即可。

Menu

紫茄旗魚肉醬義大利麵

材料

旗魚排 160 公克

鹽 適量

現磨黑胡椒 適量

煮麵用

水 2 公升

鹽 14 公克

義大利麵 180 公克

純橄欖油 30 毫升

洋蔥碎 200 公克

蒜碎 4 瓣

乾辣椒 1 條

西洋芹 60 公克

白酒 40 毫升

基礎番茄醬汁 200 公克

（作法請參考 p.218）

高湯 300 毫升

圓茄 1/2 個

新鮮奧勒岡 適量

扁葉巴西里碎 適量

作法

1. 旗魚排切成小碎塊，以鹽及現磨黑胡椒調味醃漬後備用。

2. 取一鍋加水煮沸，加入鹽，放入義大利麵煮 5 分鐘，煮麵時需偶爾翻動，避免沾鍋。

3. 在鍋中倒入純橄欖油，並放入洋蔥、蒜碎及乾辣椒以小火爆香，再放入西洋芹，拌炒至蒜碎呈金黃色。

4. 作法 1 的旗魚塊放入鍋中拌炒，倒入白酒煮至酒精成分揮發。

5. 放入基礎番茄醬汁及高湯，中小火熬煮約 10 分鐘至旗魚塊呈泥狀。

6. 將圓茄切成滾刀塊狀，以 180℃油溫油炸，炸至表面呈金黃色，撈出瀝油。

7. 將圓茄倒入煮好的旗魚肉醬拌勻。

8. 最後放入煮好的義大利麵拌炒均勻。

9. 盛盤後撒上切碎的奧勒岡及扁葉巴西里。

Menu

紅椒烤櫛瓜奶油義大利麵

材料

紅甜椒 300 公克

綠櫛瓜 1 條

煮麵用

水 2 公升

鹽 14 公克

義大利麵 180 公克

純橄欖油 30 毫升

洋蔥碎 30 公克

鮮奶油 80 毫升

鹽 適量

黑胡椒粉 適量

作法

1. 取一鍋加水煮沸，加入鹽，放入義大利麵煮 5 分鐘，煮麵時需偶爾翻動，避免沾鍋。

2. 紅甜椒去籽，切成小塊狀。

3. 綠櫛瓜切 1 公分厚片，放在烤盤上烘烤至上色，取出備用。

4. 在鍋中倒入純橄欖油，並放入洋蔥碎，炒至呈現半透明狀。

5. 再放入紅甜椒塊拌炒約 5 分鐘。

6. 加入鮮奶油、鹽及黑胡椒粉，蓋上鍋蓋。煮沸後關小火續煮約 15 分鐘至紅甜椒軟化。

7. 取一果汁機放入作法 6 用慢速打成濃稠的醬汁，過篩。

8. 將過篩後的醬汁倒回鍋中，用小火煮沸。

9. 再放入作法 3 的綠櫛瓜拌勻。

10. 最後放入煮好的義大利麵拌炒均勻即可。

～∽～
Menu
烤瑞克塔菠菜醬培根千層麵

材料

菠菜 50 公克

瑞克塔起司（Ricotta） 120 公克

雞蛋 1 顆

帕米吉亞諾 - 瑞奇亞諾起司粉 80 公克

豆蔻粉 適量

鹽 適量

現磨黑胡椒 適量

千層麵 3 張

無鹽奶油 25 公克

莫札瑞拉起司（Mozzarella） 50 公克

作法

1. 將菠菜汆燙、瀝乾及切碎備用。

2. 取一調理盆放入作法 1、瑞克塔起司、雞蛋、豆蔻粉、鹽、黑胡椒拌勻成瑞克塔菠菜醬備用。

3. 取一可烘烤的盤子塗上少量無鹽奶油，先放上一張千層麵，再鋪上 1/3 量的作法 2。

4. 重複作法 3 的動作，將剩餘的千層麵及作法 2 相互交疊鋪好。

5. 剩餘的無鹽奶油放在作法 4 上，再鋪上莫札瑞拉起司。

6. 放進預熱 200℃的烤箱中，烤約 25 分鐘至呈現金色即可。

Menu

吻仔魚蠶豆醬義大利麵

材料

蠶豆 250 公克

吻仔魚 100 公克

純橄欖油 少許

粗麵包粉 適量

煮麵用

水 2 公升

鹽 14 公克

義大利麵 180 公克

純橄欖油 30 毫升

洋蔥碎 50 公克

高湯 700 毫升

鹽 適量

現磨黑胡椒 適量

作法

1. 蠶豆汆燙後放涼剝皮備用。

2. 吻仔魚泡水去鹹味後瀝乾備用。

3. 取一鍋倒入少許純橄欖油，再放入粗麵包粉，炒至金黃色取出備用。

4. 取一鍋加水煮沸，加入鹽，放入義大利麵煮 5 分鐘，煮麵時需偶爾翻動，避免沾鍋。

5. 取一平底鍋倒入純橄欖油，放入洋蔥碎以中火炒至金黃色，再放入作法 1 的蠶豆拌炒至散發出香氣。

6. 倒入高湯，以小火慢燉約 30 分鐘後放入果汁機打成泥狀成蠶豆醬備用。

7. 將蠶豆醬倒入鍋中，以小火煮沸後放入煮好的義大利麵及適量鹽、現磨黑胡椒拌炒均勻。

8. 盛盤，將作法 2 的吻仔魚及作法 3 的麵包粉混合後撒上。

Menu

酥炸牡蠣佐荷蘭芹醬義大利麵

材料

煮麵用

水 2 公升
鹽 14 公克
義大利麵 180 公克

冷壓橄欖油 120 毫升
扁葉巴西里 50 公克
帕米吉安諾 - 雷吉安諾起司刨粉
30 公克
烤杏仁片 15 公克
大牡蠣 10 個
蛋黃 2 個
低筋麵粉 適量
粗麵包粉 適量
鮮奶油 70 毫升
瑪斯卡彭起司（Mascarpone）
60 公克
鹽 適量
現磨黑胡椒 適量

作法

1. 取一鍋加水煮沸，加入鹽，放入義大利麵煮 5 分鐘，煮麵時需偶爾翻動，避免沾鍋。

2. 取一果汁機，放入冷壓橄欖油、扁葉巴西里、起司粉及烤杏仁片，攪打成泥狀即為荷蘭芹醬備用。

3. 將牡蠣沾附蛋黃，再沾上低筋麵粉，再沾附蛋黃，最後沾上粗麵包粉，以 180℃ 油溫炸成金黃色，取出瀝油備用。

4. 取一平底鍋倒入鮮奶油，以小火加熱至滾沸。

5. 加入瑪斯卡彭起司，拌煮至融化。

6. 加入適量的鹽及現磨黑胡椒拌煮至剩 2/3 的量。

7. 離火加入作法 2 的荷蘭芹醬，攪拌至均勻後加入煮好的義大利麵拌勻。

8. 盛盤放上炸好的牡蠣，撒上少許的黑胡椒及烤杏仁片碎。

MENU

奶油櫛瓜醬義大利麵

材料

煮麵用

| 水 2 公升
| 鹽 14 公克
| 義大利麵 180 公克

純橄欖油 20 毫升

洋蔥碎 30 公克

蒜碎 3 瓣

綠櫛瓜切碎 2 條

高湯 約 150 毫升

鮮奶油 80 毫升

鹽 適量

現磨黑胡椒 適量

冷壓橄欖油 適量

作法

1. 取一鍋加水煮沸,加入鹽,放入義大利麵煮 5 分鐘,煮麵時需偶爾翻動,避免沾鍋。

2. 取一平底鍋倒入純橄欖油,放入洋蔥碎及蒜碎,以小火炒至蒜碎呈現金黃色。

3. 放入綠櫛瓜碎拌炒,再加入高湯,以小火燉煮至食材呈現糊狀為止。

4. 倒入鮮奶油、鹽及現磨黑胡椒調味後,加入煮好的義大利麵拌炒均勻。

5. 盛盤後淋上冷壓橄欖油及撒上少許黑胡椒即可。

~~~
M ENU
~~~

四季洋芋松子青醬義大利麵

材料

煮麵用

| 水 2 公升
| 鹽 14 公克
| 義大利麵 180 公克

四季豆斜切 50 公克

馬鈴薯切細條 100 公克

鹽 適量

基礎熱那亞松子羅勒醬 80 公克

（作法請參考 p.224）

作法

1. 取一鍋盛水煮沸，加入鹽，放入義
   大利麵煮 5 分鐘，最後 3 分鐘時放
   進四季豆和馬鈴薯，煮麵時需偶爾
   翻動，避免沾鍋。

2. 時間到即可取出義大利麵、四季豆
   及馬鈴薯並瀝乾，利用餘溫與適量
   的鹽及松子羅勒醬一起拌勻。

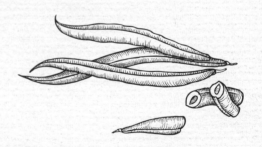

Menu

蒜辣烏魚子義大利麵

材料

純橄欖油 20 毫升
蒜碎 2 瓣
乾辣椒切碎 1 條
扁葉巴西里碎 適量
高湯 50 毫升

煮麵用

水 2 公升
鹽 14 公克
義大利麵 180 公克

鹽 適量
現磨黑胡椒 適量
烏魚子刨屑 3 大匙

作法

1. 取一平底鍋倒入純橄欖油，放入蒜碎及乾辣椒碎以小火拌炒至蒜碎呈現金黃色。

2. 放入巴西里碎炒至散發出香氣後倒入高湯，以小火拌煮至呈現乳化狀。

3. 取一鍋加水煮沸，加入鹽，放入義大利麵煮 5 分鐘，煮麵時需偶爾翻動，避免沾鍋。

4. 煮好的義大利麵加入作法 2，以大火與醬汁拌炒均勻。

5. 起鍋前加入鹽、現磨黑胡椒及烏魚子屑，迅速拌勻。

6. 盛盤後撒上少許巴西里碎及烏魚子屑即可。

橄欖油系列

蒜香蛤蠣義大利麵

材料

海瓜子 30 個
白酒 1/2 杯

煮麵用

水 2 公升
鹽 14 公克
義大利麵 180 公克

純橄欖油 40 毫升
洋蔥碎 20 公克
蒜碎 2 瓣
乾辣椒碎 少許
扁葉巴西里切碎 15 公克
鹽 適量
現磨黑胡椒 適量

作法

1. 將海瓜子洗淨後靜置吐沙。

2. 將一半海瓜子放入鍋中,加入少許白酒(預留一些備用)以中火加蓋拌炒至開殼。

3. 取出海瓜子肉,留下煮海瓜子的湯汁並過濾。

4. 取一鍋盛水煮沸,加入鹽,放入義大利麵煮 5 分鐘,煮麵時需偶爾翻動,避免沾鍋。

5. 取一鍋倒入純橄欖油,放入洋蔥碎、蒜碎及乾辣椒碎,以小火炒至蒜碎呈現金黃色。

6. 放入巴西里碎拌炒後加入另一半海瓜子,再倒入剩餘白酒及作法 3 的湯汁煮至開殼。

7. 最後放入煮好的義大利麵拌炒,以鹽及現磨黑胡椒調味即可。

8. 盛盤可撒上少許扁葉巴西里碎。

MENU

蒜辣油漬番茄義大利麵

材料

煮麵用

水 2 公升
鹽 14 公克
義大利麵 180 公克

酸豆 15 公克
純橄欖油 20 毫升
蒜碎 15 公克
乾辣椒碎 5 公克
油漬鯷魚 15 公克
扁葉巴西里碎 15 公克
油漬番茄乾切細條 50 公克
鹽 適量
現磨黑胡椒 適量

作法

1. 取一鍋盛水煮沸，加入鹽，放入義大利麵煮 5 分鐘，煮麵時需偶爾翻動，避免沾鍋。

2. 酸豆先泡水去酸後切碎備用。

3. 取另一鍋倒入純橄欖油，放入蒜碎及乾辣椒碎，以小火拌炒至蒜碎呈現金黃色。

4. 放入鯷魚拌炒成小碎狀及散發香氣。

5. 再加入巴西里碎、油漬番茄乾、作法 2 的酸豆、鹽及現磨黑胡椒拌炒。

6. 加入煮好的義大利麵拌炒均勻。

7. 盛盤時撒上一些扁葉巴西里碎。

Menu

西西里風香料鯷魚義大利麵

材料

煮麵用

| 水 2 公升
| 鹽 14 公克
| 義大利麵 180 公克

酸豆 10 粒

純橄欖油 30 毫升

無鹽奶油 10 公克

蒜碎 2 瓣

油漬鯷魚 3 片

檸檬汁 適量

鹽 適量

現磨黑胡椒 適量

青蔥切花 適量

香料麵包粉 適量

作法

1. 取一鍋盛水煮沸，加入鹽，放入義大利麵煮 5 分鐘，煮麵時需偶爾翻動，避免沾鍋。

2. 酸豆泡水去酸切碎備用。

3. 取一鍋放入純橄欖油及無鹽奶油，放入蒜碎 以小火拌炒至呈現金黃色。

4. 放入油漬鯷魚拌炒至呈現碎狀後加入適量檸 檬汁。

5. 放入煮好的義大利麵，以鹽及現磨黑胡椒調 味，大火拌炒均勻即可。

6. 盛盤撒上大量青蔥及香料麵包粉。

香料麵包粉的作法

材料：
粗麵包粉 適量、蒜仁 1 瓣、乾燥奧勒岡葉 適量、
乾辣椒碎 適量、黃檸檬皮 適量

作法：
鍋中放入全部食材，以極小火拌炒至麵包粉呈現金黃
色且散發出香氣，取出蒜仁即為香料麵包粉，放涼裝
罐可長期保存。

Menu

綜合香料鮮蔬義大利麵

材料

煮麵用

水 2 公升

鹽 14 公克

義大利麵 180 公克

牛番茄 1 顆

純橄欖油 30 毫升

蒜碎 2 瓣

綠櫛瓜切短細條 50 公克

西洋芹切短細條 40 公克

紅蘿蔔切短細條 50 公克

四季豆斜切 30 公克

鹽 適量

現磨黑胡椒 適量

冷壓橄欖油 適量

作法

1. 取一鍋加水煮沸，加入鹽，放入義大利麵煮 5 分鐘，煮麵時需偶爾翻動，避免沾鍋。

2. 牛番茄汆燙後去皮去籽，切成小丁狀備用。

3. 取一鍋倒入純橄欖油，放入蒜碎以小火拌炒至呈現金黃色。

4. 放入綠櫛瓜、西洋芹、紅蘿蔔、四季豆及作法 2 的牛番茄，以中火拌炒至蔬菜軟化。

5. 最後放入煮好的義大利麵，以適量鹽及現磨黑胡椒調味。

6. 起鍋前加入冷壓橄欖油，迅速拌炒均勻。

人氣餐廳
這樣開店最賺錢

從義大利麵餐廳學會餐飲業的賺錢祕技

作 者	吳敏鍾、黃佳祥
採訪撰稿	許恩婷
攝 影	楊志雄

發 行 人	程顯灝
總 編 輯	呂增娣
主 編	李瓊絲、鍾若琦
資深編輯	程郁庭
執行編輯	鄭婷尹
編 輯	許雅眉
編輯助理	陳思穎
美術總監	潘大智
資深美編	劉旻旻
美 編	游騰緯、李怡君
行銷企劃	謝儀方、吳孟蓉

發 行 部	侯莉莉
財 務 部	許麗娟
印 務	許丁財
出 版 者	四塊玉文創有限公司

總 代 理	三友圖書有限公司
地 址	106 台北市安和路 2 段 213 號 4 樓
電 話	(02) 2377-4155
傳 真	(02) 2377-4355
E — mail	service@sanyau.com.tw
郵政劃撥	05844889 三友圖書有限公司

總 經 銷	大和書報圖書股份有限公司
地 址	新北市新莊區五工五路 2 號
電 話	(02) 8990-2588
傳 真	(02) 2299-7900

製版印刷	皇城廣告印刷事業股份有限公司

初 版	2015 年 7 月
定 價	新臺幣 385 元
I S B N	978-986-5661-39-7 (平裝)

國家圖書館出版品預行編目 (CIP) 資料

人氣餐廳這樣開店最賺錢：從義大利麵
餐廳學會餐飲業的賺錢祕技 / 吳敏鍾，黃
佳祥著 . -- 初版 . -- 臺北市：四塊玉文創，
2015.07
　面；　公分
ISBN 978-986-5661-39-7(平裝)

1. 餐飲業管理 2. 創業 3. 麵食食譜

483.8　　　　　　　　　　104010286

http://www.ju-zi.com.tw

三友圖書
友直 友諒 友多聞

義大利銷售第一 百味來義大利麵

PASTA